福島
余命1カ月の
被災犬

とんがりあたまのごん太

仲本剛

目次

撮影／高野博
写真／共同通信（p32、p49）アフロ（p40）

第一章

石沢家の2011年3月11日

「ごん太はヘタな警察犬よりずっと賢い」と茂さん

3月11日、午後1時ごろ、『宝来軒』にて

「ご新規《しんき》さん、焼きそば2つね！」

「あいよ！」

福島県双葉《ふたば》郡《ぐん》浪江《なみえ》町《まち》にある、食堂『宝来軒《ほうらいけん》』のランチタイムは、今日《きょう》も盛況《せいきょう》だった。もう1時を回っているというのに、客足《きゃくあし》が途絶《とだ》えない。

厨房《ちゅうぼう》からは、ゴツンゴツンと中華鍋《ちゅうかなべ》を振る音が聞こえてくる。

手際《てぎわ》よく料理を作っているのは、御年《おんとし》73歳の石沢茂《いしざわしげる》さんと70歳の妻・昭子《あきこ》さん、そして息子の佳弥《よしや》さんの3人。お客さんのところへ注文を取りに行ったり料理を運ぶ役目は、佳弥さんの妻《つま》・真弓《まゆみ》さんだ。夫が42歳で妻が30歳、若い夫婦は、最近流行の〝年の差カップル〟である。

「空《あ》いてっかい？」

扉《とびら》が開き、また新たな客が入ってくる。2人連《づ》れだ。

「すみません、大きなテーブルと個室《こしつ》しか空いてないので、あとでご相席《あいせき》をお願いするかもしれませんが、それでもいいですか？」

石沢さん家族。左から昭子さん、真弓さん、佳弥さん、里奈ちゃん、そして茂さん

と真弓さん。

「いいよ、ミニカツ丼《どん》セット2つな」

2人の男性客は、そう言いながら奥の個室に向かった。途中《とちゅう》で、男性の1人が店の隅《すみ》にいた少女の頭をなでた。

「おう、里奈《りな》ちゃん。こんにちは。おっ、今日はピンクのシャツだな」

少しはにかんで下を向いてから、声がしたほうを見上げた。里奈ちゃんは、ちょっと変わった形をした椅子《いす》に座っていた。

「おっちゃんのこと、覚《おぼ》えてっかな？」

瞳《ひとみ》をクルクルと回し、考えを巡《めぐ》らす。里奈ちゃんは一呼吸置《ひとこきゅうお》いてから、絞《しぼ》り出すような声で言った。

「ヤ～マ～シ～タ～さ～んだ～」

「おお!?　おっちゃんの声、ちゃんと覚えててくれたかー」

このやり取りを聞いていた真弓さん。

「里奈、ちゃんとごあいさつしたの？」

里奈ちゃんは一瞬《いっしゅん》だけ口をとがらせたが、またすぐにっこり。

県外にもファンが多かった『宝来軒』の「なみえ焼そば」
半世紀以上の歴史を誇る老舗《しにせ》食堂『宝来軒』（写真提供／石沢佳弥さん）

「こ〜んにちは〜」

5歳になる石沢家の長女《ちょうじょ》・里奈ちゃんは、いくつかの障害《しょうがい》を抱《かか》えていた。生まれつき目が見えず、手と足は自由に動かすことができない。だから両親《りょうしん》の目が届《とど》く場所へ置いておきたいと、営業時間中は、店の隅や厨房の奥で、特別な装具《そうぐ》のついた補助《ほじょ》椅子に腰掛《こしか》けている。

里奈ちゃんは、この店の看板娘《かんばんむすめ》。ここで〝パパとママが働く音〟をずっと聞いて育った。まだスラスラと言葉《ことば》は出てこないが、大人《おとな》の話をよく理解しているし、ときにはとても難《むずか》しい単語を使って、周囲を驚《おどろ》かせたりもする。店の常連《じょうれん》さんのなかに、里奈ちゃんを色《いろ》眼鏡《めがね》で見るような人は誰《だれ》もいない。

先ほど焼きそばを注文した若い女性の2人連れは、ふだん見ない顔だ。2人は運ばれてきたばかりの「なみえ焼そば」を、携帯《けいたい》電話やデジカメで撮影していた。箸《はし》を取るよりも、まずは写真を撮《と》ることに忙しそうで、皿をくるくると回しては、もう長いこと、ああでもないこうでもないと、シャッターを切っている。

「冷《さ》めちゃう前に食べれ、ほら」

女性客のようすを厨房からながめていた昭子さんが、やや聞こえよがしに言う。「食べ物を写真に撮る」という行動自体がどうにも理解できないのだ。

佳弥さんが、それを見かねてボソッとつぶやいた。

「まあまあ、うちの焼きそばは、冷めてもおいしく食べられっから！」

この焼きそばが誕生《たんじょう》したのは54年前。近隣《きんりん》の農家の人たちに食べてもらおうと、『宝来軒』オープン時《じ》に茂さんが考案したものだ。太麺《ふとめん》を使えば、腹持《はらも》ちがいいし出前《でまえ》で少々冷めてものびたりしない。農作業の合間に食べるにはピッタリではないか、と。

地元《じもと》のことを思って作ったこの料理は、後《のち》に「なみえ焼そば」と名付《なづ》けられ、すぐに店の看板メニューになった。最近では、B級グルメがブームだからなのか、わざわざ県外から食べにくる人も多い。

「昭子、仕事が一段落《いちだんらく》したら、アイナメさ、行ってくっかんな」

厨房の奥、大鍋《おおなべ》で豚《ぶた》の脂身《あぶらみ》からラードを搾《しぼ》り取る仕込《しこ》み作業の手を止め、茂さんがこう昭子さんに声をかけた。

「あぁ？　釣《つ》り？　ダ～メだあんた。今日の昼飯《ひるめし》は素麺《そうめん》だよ。釣りから戻《もど》ってくっころには、のびちまうよ」

茂さんは小さく舌うちしてから、

「仕方ねえな。そいじゃ、さっと食べちまってから、ごん太《た》んとこさ行っかな。あれにもメシ食わしてくっぺ……」

午後2時30分ごろ、旧石沢家にて

茂さんは、『宝来軒』からほんの100メートルほどの〝昔の家〟にいた。庭先で愛犬・ごん太を見下ろしている。

「待《ま》て！」

鋭《するど》い声が響《ひび》く。

茂さんは手のひらをごん太の鼻先に向け、その動きを制《せい》する。

体長68センチメートル、茶色い雑種《ざっしゅ》の大型犬であるごん太は、目の前に差《さ》し出された手のひらと、茂さんの顔、そして自分の足下《あしもと》に用意されたドッグフードを交互《こうご》に見ながら、次の指示をじっと待っている。

ここは7年ほど前まで、石沢さん家族が暮《く》らした家だ。大きな門構《もんがま》えの立派《りっぱ》な屋敷《やしき》だが築《ちく》40年、壁《かべ》のコンクリートにはいくつかひびが見える。石沢一家は『宝来軒』の2階、3階を住居スペースに改装《かいそう》して引っ越しをしたのだが、この家も売りには出さず、使わなくなった家具や趣味《しゅみ》の道具などの物置《ものおき》代わりに使っていた。

そして、この庭もここを手放さなかった理由の1つだ。

道路に面した約15坪《つぼ》ほどある広い庭全体が、愛犬のための運動場になっている。

「よし！」

茂さんのこの声に、犬は待ってましたとばかりにドッグフードを頬張《ほおば》りはじめる。

「よ〜し。ごん太。よ〜く辛抱《しんぼう》した」

かわいくてしょうがないのだろう。茂さんが頭を抱《だ》き寄せる。

ごん太は、食事を中断させられても、決していらついたり、怒《おこ》ってほえたりしない。むしろ茂さんに顔中をなでられ、まんざらでもない、という表情を浮《う》かべていた。

「お、すまねえな、ごん。まーだ食ってる途中だったな」

こう言って茂さんは、ガハハハッと笑う。頭を解放されたごん太は、やっと食事の続きにありつき、あらためてガリガリとドッグフードを頬張ってみせる。

おいしそうに餌《えさ》を食べるごん太の脇《わき》に、茂さんはしゃがみ込んだ。そして、ごん太のと

茂さんは、ごん太と初めて会った日のことを思い出していた。

「まったくこいつさ、器量《きりよう》はともかく賢《かしこ》い犬だな……」

んがった頭頂部《とうちょうぶ》を優《やさ》しくなでる。

'03年の春、ごん太が石沢家にやってきた

それはいまから8年前の春。

同業の古い友人からの、こんな頼《たの》まれ事《ごと》だった。

「いやぁ、なに、うちのパートのオバちゃんとこの犬が子供《こども》を産《う》んで。『宝来軒』さんで1匹《ぴき》、引き受けてくれねえっぺか」

茂さんの犬好きは、地元では有名だ。

県警《けんけい》からの委託《いたく》で警察犬《けいさつけん》を4頭も育てたほどだった。

1頭につき、年間100万円は下らないという費用をかけて、自分の犬を警察犬の訓練所に通《かよ》わせた。自らもしつけの方法を学び、ときには警察の捜査《そうさ》にも協力した。

ここ数年間は、家業《かぎょう》との両立が難しくなって警察犬の飼育《しいく》は中断していたが、石沢家に

は常に犬がいた。

当時も「ちび」という名の小型の雑種犬が家族の一員だった。

ガソリンスタンドに捨てられていたちびを、茂さんが引き取った。近所で、行き場《いば》のない犬がいると、まず、茂さんが引き取り手の第一候補に挙《あ》がったものだった。

「ちびの遊び相手に、子犬をもらってもいいかもな」

数日後。店のランチタイムを終え、茂さんは友人の経営《けいえい》する食堂に向かった。店先で、段《だん》ボール箱を抱えた女性が待っていた。

「このたびは本当にもうしわけありません。残っているのがあと3匹なんですが……」

そう言って女性は箱のフタを開けた。

茂さんが中をのぞき込む。箱の中には、生後20日ほどの子犬が3匹。両手のひらにのるぐらいの大きさで、互《たが》いの体をぎゅうぎゅうと寄せ合いながら鳴いていた。

「どれどれ……」

茂さんは、子犬を1匹ずつ手にとって、顔つきや体格などを慎重《しんちょう》に確認していく。そして、3匹目を手に取って笑いだした。

「な～んだ、こいつさ。頭、ずいぶんとんがってんなぁ」

子犬は丸顔《まるがお》が好まれる。プックリとした体にまん丸の顔というのが、人の目には愛《あい》らしく映《うつ》るものだ。

茂さんは決めた。いちばん器量が悪く、もらい手がつかなそうな犬を引き受けよう、と。

「こいつは器量はともかく、賢そうだ」

キュンキュンと鳴きながらじゃれ合っている3匹。しかし、とんがり頭の子犬だけは茂さんの声に反応した。何か言うたびに顔を上げ、やっと開いたばかりの目を茂さんのほうに向けるのだ。

茂さんは、女性に言った。

「とんがり頭のこいつさ、預《あず》かっぺな」

午後2時46分、旧石沢家にて

その時刻も、茂さんはごん太といた。

運動場の奥、家の玄関先《げんかんさき》に腰掛けて、ごん太の好きなオヤツの袋《ふくろ》を開けようとしていた。

大好物《だいこうぶつ》を目の前にして、ごん太は少し、ソワソワしている。

「ま～だだかんな、ごん」

茂さんがごん太に声をかけた、まさにそのときだった。

おすわりしていたごん太の、右の耳がピクンと動く。

ゴーーーーッ。

茂さんは最初、耳鳴《みみな》りかと勘違《かんちが》いした。

ごん太は、あたりをきょろきょろと見回している。

カタカタカタカタッ。

建《た》て付けが悪い玄関の引き戸が、小さな音をたてはじめた。

「ん？　地震か？」

ドンッと真下《ました》から突き上げられるような揺《ゆ》れが来た瞬間、茂さんは、思わずその場にしゃがみ込んだ。

続いて襲《おそ》ってきた大きな横揺《よこゆ》れ。

壁や柱、天井《てんじょう》までもが、ギシギシ、ミシミシと大きな音をたてながら、信じられないほど、左右に揺れている。

ごん太は、茂さんの足下に、ぴったりと体をすり寄せている。

立つことができない茂さんは、ごん太を抱きかかえるようにして、うずくまっていた。

「な〜に、大丈夫《だいじょうぶ》だ。すぐおさまる」

愛犬の耳元で、言い聞かせるようにしながら、茂さんは自《みずか》らも落ち着かせようとしていた。

「大丈夫だ、大丈夫だ、大丈夫だ……」

ところが、次の瞬間。茂さんのその思いは、長く暮らした家もろとも砕《くだ》かれた。

ボンッ！

一段と強い揺れに大きく家全体が傾《かたむ》いた。その重みに耐《た》えきれず、窓という窓が一気に窓枠《まどわく》ごと吹《ふ》き飛んだのだ。

茂さんとごん太も、玄関から外に、弾《はじ》かれるように転《ころ》げ出た。

ごん太は、すぐさま運動場の隅の犬小屋に逃げ込む。

茂さんもはうようにして、庭から道路に出た。しがみつくようにして門扉《もんぴ》を施錠《せじょう》しながら、ごん太に声をかける。

「ごん太、いいか、小屋から出るんでねえぞ！」

ごん太の犬小屋の周りや運動場には、割れたガラスが散乱していた。

まだ揺れが続いていたが、茂さんは、はいつくばるようにして、『宝来軒』に向かった。

振り返って見ると、家は大きく右に傾き、いまにも崩《くず》れ落ちそうだった。

午後2時46分、『宝来軒』にて

この日、『宝来軒』は珍しく、ランチタイムの終業時間、2時ちょうどに客が引けた。

「今日は2回転、いったか？」

佳弥さんが、真弓さんに客の入り具合を確認していた。

佳弥さんは、自分では歩けない里奈ちゃんを補助椅子から下ろし、抱きかかえて小上《こあ》がりの座敷《ざしき》まで運ぶ。真弓さんは、昭子さんがよそってくれた素麺のお椀《わん》を運びながら答えた。

「ちょうど、そのくらいかな」

ウイークデーは近所の常連さんが9割を占めるが、週末は県外からの客が半数を超す。

最近では名物《めいぶつ》「なみえ焼そば」を求めて行列もできる。麺もラードも自家製《じかせい》にこだわった焼きそばは、多くのリピーターを生んでいた。

明日は土曜日で、大勢の客が見込まれている。

厨房では先ほどまで、茂さんが焼きそば用のラードを搾るなど、仕込みに余念《よねん》がなかった。

真弓さんは、座敷に寝かされた里奈ちゃんの横に座った。抱きかかえるようにして、里奈ちゃんにごはんを食べさせるのだ。

「ばあちゃん、お先にいただきます！」

厨房の昭子さんのほうを向いて真弓さんが声をかける。

「あいよ。おれさ、ちょっと上、行ってっからな」

昭子さんは2階の住まいに、テレビを見るために上がっていった。

「はい里奈、『いただきます』して。今日のお昼は素麺よ」

里奈ちゃんが顔を上げて言う。

「いただきま〜す」

真弓さんが素麺をお椀の中で短く切って、少しずつ里奈ちゃんの口に運ぶ。小上がりのテーブルの向かいに座った佳弥さんが「ほら、こぼしてっぞ」と注意する。里奈ちゃんの口に入ったはずの素麺が、胸のよだれかけに何本も張り付いていた。

「あらあら……」

真弓さんがふきんで、里奈ちゃんの胸元《むなもと》を拭《ふ》く。すると里奈ちゃんがママの口真似《くちまね》をした。

「あらあら、あらあら、あらあら……」

何度も繰り返しては、ニヤッとする。

「本当にもう、最近は口ばっかり達者《たつしや》になって……」

怒ってはいない。真弓さんはどこかうれしそうだ。

佳弥さんも食事の手を止め、ニコニコと二人のようすをながめていた——。

昼食が終わった後、真弓さんが使った食器を持って、洗《あら》い場《ば》に入ろうとしたときだった。

突然、地面がグラグラと揺れ出した。

「あれ？　地震？」

最初はそれほど大きな揺れではなかった。１人で小上がりにいた里奈ちゃんも、クスクス笑っている。

ところが、揺れはいっこうにおさまらない。それどころか、どんどん大きくなる。

「ちょっとこれ、デカいぞ」

厨房にいた佳弥さんは、ガスの元栓《もとせん》をひねりながら、緊張《きんちょう》した声を発した。

真弓さんが大声になりすぎないようにして呼びかける。

「里奈、大丈夫だからね。かあちゃん、すぐ行っからね」

麵をゆでる据《す》え付《つ》けの大鍋のお湯がタップンタップンと波打ち、床にあふれた。棚《たな》からは座りの悪い食器やコップが床に落ちた。

ガチャンッ！

その音に、里奈ちゃんの顔からは笑みが消えた。

真弓さんは洗い場から里奈ちゃんのもとに駆《か》け戻ろうとしたが、目の前で食器棚が倒《たお》れて道をふさぐ。

ガッシャーンッ‼

その音に里奈ちゃんは体を思い切りこわばらせた。

厨房では佳弥さんが、傾いて倒れそうになる業務用の冷蔵庫を必死《ひっし》に押《お》さえている。真弓さんは倒れた食器棚を踏み越えて、なんとか里奈ちゃんのもとにたどり着いた。その間も、棚という棚から食器が床に落ちる。座敷のつい立ては倒れ、壁に飾《かざ》ってあった額も次々と落ちた。

ガチャンガチャンガチャンッ……

店内のあちこちから、すさまじい音が響いていた。真弓さんは掘《ほ》りごたつ式のテーブルの下に里奈ちゃんを押し込むように入れて、自分も頭から潜《もぐ》り込む。

「大丈夫だからね、里奈!」

落ち着きなく瞳をクルクルと回しておびえている里奈ちゃん。その、せわしなく動く瞳には、もうすでに涙《なみだ》があふれてきていた。

ガッシャーン!

ホールと厨房の間にあった調味料棚《ちようみりよう》が倒れた。醤油《しようゆ》やラー油など、何十個という調味料入れが床に落ち、音をたてて割れた。

店じゅうに、きついラー油のにおいが立ちこめる。ここでついに、里奈ちゃんは大声を張り上げるようにして、泣き出してしまった。

「大丈夫だからね、大丈夫だからね」

テーブルの下で、真弓さんは里奈ちゃんのこわばった体を抱きしめながら、耳元で声を

地震で大きく傾いた旧石沢家。
この後、余震で全壊することに

地震後、食器が散乱した『宝来軒』の厨房
(写真提供／石沢佳弥さん)

かけ続けた。

防護服が伝えた恐怖

地震のすぐ後、避難《ひなん》を呼びかける消防団のクルマが『宝来軒』の前を通った。

「逃げろって、どこさ逃げればいいの？」

消防団を呼び止め茂さんは聞いた。

「津波が来るってことだから。2階さ、上がっておいてください」

幸い、海岸から4キロほど内陸にある『宝来軒』に、津波は到達しなかった。

しかし、町からの避難の指示はそれ1回きり。その日はそれ以降、なにもなかった。

余震のなか、佳弥さんたちは店の片付けをした。

「こ〜れ、ホント、どうしたもんだべ」

店の床という床に散乱する割れた食器をながめて、昭子さんはため息をもらす。

「片付けるしかないだろ」

佳弥さんは、大きなゴミ袋に、少しずつ破片《はへん》を拾《ひろ》い集める。

「これじゃ、明日《あす》は店、やれねえな。営業再開は週明けかな……」

夜になると、近隣《きんりん》から十数人の親戚《しんせき》が『宝来軒』に集まってきた。不安にかられ、みなが肩を寄せ合いたいと思ったのだろう。

しかし、里奈ちゃんは、いつもとは違う気配《けはい》に、ずっと肩をこわばらせたままでいた。さらに、深夜まで大勢《おおぜい》の人間がいるという状況におびえていた。仕方なく、真弓さんは里奈ちゃんを抱きかかえて、駐車場のクルマの中で一晩を明かした。

佳弥さんや茂さん夫妻、それに集まってきた親戚たちは、店の椅子や座敷に思い思いに腰掛け、ラジオのニュースを聞きながら、まんじりともしない一夜《いちや》を明かした。

翌12日、早朝。また消防車がスピーカーからなにかをがなり立てながら走っていた。もどかしいことに、その音は割れてしまっていて不明瞭《ふめいりょう》で、肝心《かんじん》の内容は聞き取れなかった。

「なにがあるか分かんねえから、ガソリンだけは、入れといたほうがいいな」

佳弥さん夫婦は、なじみのガソリンスタンドを目指した。地震であちこち陥没《かんぼつ》した国道は、多くの避難車両で渋滞《じゅうたい》していた。

いつもなら早朝から営業しているはずのスタンドが、まだチェーンが張られたまま。中

福島第一原発の冷却機能喪失により、避難する車両で浪江町の道路は渋滞した

にいたスタッフに声をかける。

「なんで開けてないの？　ガソリン売ってくれ」

「すんません、社長がまだでして。鍵《かぎ》がなくって」

あわてるだけの若いスタッフと話をしていてもらちがあかないと、佳弥さんはポケットから携帯電話を取り出した。社長とは昔からの知り合いだ。

「おい！　さっさと来て、クルマさガソリン、入れてくれ」

佳弥さんの言葉に、電話の向こうで社長が答えた。

「もうしわけねえけんど……、俺《おれ》、もう逃《に》げてっから」

佳弥さんはイヤな予感がした。

給油をあきらめて、『宝来軒』に戻ることにした2人は、その途中で奇妙《きみょう》な光景《こうけい》を目にした。

全身白装束《しろしょうぞく》の人間が、道路のあちこちに立って、クルマを誘導《ゆうどう》していたのだ。

「なに、あの格好《かっこう》？」

真弓さんがいぶかしがる。

佳弥さんは気付いていた。原発で仕事をした経験があるからだ。

「あれはな……。原発の、防護服だ」

そう言葉にした後で、背中を冷たいものが走る。

原発の施設内ならいざ知らず、なぜあの格好の人間が、町中《まちなか》にいるのか……。

「もう逃げてっから――」

先ほどのガソリンスタンドの社長の台詞《せりふ》がよみがえる。押し黙《だま》る佳弥さんの横顔に、真弓さんは聞かずにはいられなかった。

「え？　それって、放射能が漏《も》れてるってこと!?」

パニックを起こしそうな気持ちを、２人はどうにか押さえ込もうとしていた。

第二章

ごん太、いつか必ず迎えにくるからね

姉夫婦のクルマで緊急避難

給油をあきらめて店に戻ってきた佳弥《よしや》さんは、青ざめた顔で、茂《しげる》さんに告げた。

「原発が危ないみたいだ……」

身に迫《せま》る恐怖に、石沢家の人々は避難を決める。

いまいる場所は、福島第一原発から9キロほどしか離《はな》れていない。一刻《いっこく》も早く、少しでも遠くへ逃げるべきだろうと。

しかし、クルマのガソリンは、すでに底をついていた。佳弥さんは、大あわてで近所に住む姉に連絡をとった。

「姉ちゃん、俺だ、佳弥だ。どうもこうもねえ。父ちゃん、母ちゃん連れて逃げっから。頼むから迎《むか》えにきてくれ」

数分後。姉の夫、義理《ぎり》の兄がワゴン車で迎えにきてくれた。家族全員、着《き》の身着《みき》のまま、そのクルマに乗り込んだ。

「真弓《まゆみ》、里奈《りな》のチャイルドシート、持ってこねえで平気か?」

佳弥さんが聞いた。

自分たちのクルマには、里奈ちゃんが座る特製のシートが着いているが、いまはそれを義兄《ぎけい》のクルマに載《の》せかえる時間がない。真弓さんは、気丈《きじょう》に答える。

「大丈夫、私が抱《だ》っこしとくから」

クルマは国道114号線を山に向けて走りはじめた。しかし、道路は相変《あいか》わらずの大渋滞。100メートル進むのに1時間を要《よう》する始末《しまつ》だ。

「これじゃどうにもなんねえ。ひとまず、小高《こだか》さ、行くべ」

本当は内陸部《ないりくぶ》へ逃げたかったが、茂さんの判断で、昭子《あきこ》さんの親戚を頼ることにした。

12日午後。石沢家の人々は、ほうほうの体《てい》で南相馬市《みなみそうまし》の小高区に到着《とうちゃく》した。夕方になり、親戚宅で晩ごはんを食べさせてもらってから、やっと人心地《ひとごこち》ついた。

前の晩にほとんど眠《ねむ》っていなかった茂さんは、こたつで少しウトウトしてしまった。どのくらい眠ってしまっただろうか、周囲が妙《みょう》に静かになったことに気がつき、目を開けた。するど、息子夫婦もこたつに入ってテレビを見ていた。

「そろそろ寝っか?」

茂さんが声をかける。だが、佳弥さんは問いかけにまったく答えようとしない。テレビ画面を食い入るように見ている。

「な〜んだ？　何事《なにごと》だ？」

茂さんも目をこすりながら、テレビのほうを見やる。そこには信じがたい光景が映し出されていた。

原発が爆発したのだ。

そこにいた大人たちの全員が、言葉を失っていた。

みなが一斉《いっせい》に息をのむ音が聞こえてきそうだった。

その気配を感じた里奈ちゃんは、また両肩にグッと力を入れた。

次いでニュースは、福島第一原発から20キロ圏内《けんない》に避難指示が出たことを報じた。ここ小高は十数キロしか離れていない。

石沢さんたち家族は、また大あわてでクルマに乗り込んだ。

'11年3月12日に1号機、同14日に3号機が水素爆発

里奈ちゃんの薬がない

クルマは再び、浪江町の『宝来軒《ほうらいけん》』に向かっていた。

運転しているのは佳弥さんの義兄。助手席《じょしゅせき》に佳弥さん。後部座席《こうぶざせき》には真弓さんと里奈ちゃんが乗っていた。

浪江町に帰宅することが、危険な行為だとは分かっている。だが、里奈ちゃんが毎日飲まなくてはいけない薬を、自宅に置き忘れたままだったのだ。

黙ったまま、まっすぐに前を見つめる佳弥さん。街灯《がいとう》が消えた真っ暗な道を、ヘッドライトが照《て》らす中、その光の中に先ほど見たばかりの原発事故のシーンが何度も浮かんできた。

ハンドルを握《にぎ》っていた義兄が、話しかける。

「最低でも、1週間、ヘタしたらもっと帰れねえな」

義兄は、福島第二原発で働いていた。原発のことをよく知る人間の言葉を、夫婦は重く受け止めざるをえなかった。

店に到着し、クルマを横付《よこづ》けすると、佳弥さんが、助手席から素早《すばや》く飛び降りる。懐中《かいちゅう》電灯《でんとう》を片手に、店の3階に土足《どそく》のまま駆け上がった。

幸い、3階の佳弥さんたち家族の住居は、さほど物も壊れていなかった。リビングのサイドボードの引出しに、目当ての薬を見つけると、ひったくるように取ってからポケットに押し込み、すぐに階段を駆け下りた。

「もう1カ所だけ、寄ってもらっていいかな」

クルマに戻った佳弥さんは、義兄にそう頼んだ。

ごん太《た》が気がかりだった。

助手席から後部座席の真弓さんを振り返り、同じように「寄っていいか?」とだけ聞いた。

真弓さんは黙って、しかし、力強くうなずいた。

ごん太は、茂さんの言いつけどおり、犬小屋の中でじっとしていた。クルマのライトに照らし出された佳弥さんを見つけると、すくっと立ち上がり、クンクンと鼻を鳴らしながら首を上下に振る。

「怖《こわ》かったろ、ごん」

幼《おさな》いときからごん太は賢かった。

いっぽうで、甘《あま》えん坊《ぼう》で臆病《おくびょう》な犬でもあった。幼犬《ようけん》のときは、茂さんか佳弥さんの布団《ふとん》に潜り込んできて一緒《いっしょ》に寝た。成犬になった後も、誰かが近くにいないと眠れなかった。自宅と犬小屋は100メートルほど離れている。だから毎晩のように、茂さんか佳弥さんが、かつて一緒に暮らした家の電気を点《つ》けてやっていた。「家の中に家族がいる」と思わせることで、ごん太はやっと眠れるのだ。

地震後、浪江町一帯《いったい》の電気は止まっていた。

石沢家はもちろん、隣家《りんか》の明かりも、街灯も、町じゅうの明かりがすべて消えた真っ暗な中で、ごん太はおびえていた。それが佳弥さんには、痛いほどよく分かった。

「いま餌、やっからな」

佳弥さんは、クルマのライトを頼りに、玄関を開け、中から買い置きしていたドッグフードを探《さが》し出す。8キロの袋の半分ほどしか残っていなかった。たったいま店から持ち出したステンレスの2つのボウルにすべての餌と水を入れ、ごん太の近くに置いた。

そして、佳弥さんは、犬小屋の周りに飛び散っていたガラス片《へん》を足でできる限り押しはらい、ごん太が動き回れるスペースを作ってやった。

「ごん。またすぐ来っからな。ちょっと怖いだろうけど、辛抱すんだぞ」

ペロペロと舌を出しながら水を飲んでいたごん太は、その言葉に顔を上げ、シッポを振る。

本当に来られるのかは、分からなかった。

義兄は最低でも1週間は戻れない、と言っていた。

たったこれだけの餌で、ごん太が1週間をしのげるのか。それも、分からなかった。

だが、考えている時間はなかった。

避難所にはいられない

石沢さんたち家族は、川俣町《かわまたまち》の避難所にいた。いや、正確には避難所の駐車場に停めたクルマの中にいた。

避難所になっていた体育館はとにかく寒かった。大きなフロアに小さな石油ストーブが3つしかない。

体育館は、多くの避難者でひしめいていた。足を踏み入れた瞬間、ピリピリとした異様《いよう》な空気を感じる。みな不安に押しつぶされそうな顔をして、静かに座っていた。

目の不自由な里奈ちゃんは周囲の気配に敏感《びんかん》だ。体育館に入ったとたん、火がついたように泣き出した。

「里奈、大丈夫だから。かあちゃんずっと一緒だからね。泣かないで」

真弓さんが抱っこしながら、耳元で語りかける。しかし、里奈ちゃんは泣き止まない。

避難所は、里奈ちゃんのか細い泣き声でいっそう殺伐《さつばつ》としたものになってしまったようだった。

もちろん、誰一人「うるさい！」などと文句《もんく》を言う人はいない。ただ薄明《うすあ》かりの中、みなが遠《とお》巻きに母娘をながめていた。その目は、『宝来軒』で里奈ちゃんを優しく包《つつ》んでいた視線とは、まったく違うもののように感じられた。

「こりゃ、ダメだ。俺たちはクルマで寝よう」

佳弥さんの言葉に、真弓さんも迷《まよ》わず同意した。

避難所では避難者のため、自衛隊が毛布《もうふ》を配っていた。だが、夜遅くに到着した石沢さん家族のぶんまでは行《ゆ》き渡《わた》らなかった。

若い隊員がもうしわけなさそうに、毛布を運搬《うんぱん》するときに入れていた、キャンバス地の袋を、佳弥さんに差し出す。

「明日にはまた毛布がきます。今晩はこれで我慢《がまん》してください」

3月とはいえ、山間の川俣の夜は冷えた。

冷気がどんどん忍《しの》び込んでくるクルマの中で、石沢さん家族は寒さに震《ふる》えていた。限られた量しかないガソリン。無駄遣《むだづか》いはできない。寒さに耐えきれなくなったときだけエンジンをかけ、ごく短時間だけ暖房を入れた。

真弓さんは、自衛隊がくれた袋で、里奈ちゃんを包み、自分も、かじかむ足先だけを袋の中に入れた。

余震《よしん》のたびに、里奈ちゃんは体をこわばらせ、泣いた。大人たちも、揺れるたびに飛び起きた。東の空が白くなってきたころ、泣きつかれた里奈ちゃんが、やっと眠った――。


「よこせ！」

「うちは4人家族なのよ！」

朝方《あさがた》、やっとまどろむことができた佳弥さんは、車外の喧噪《けんそう》で目が覚《さ》めた。

見ると、避難所入口で食事を配っているようだった。確かに自分も少し腹《はら》が減った。

「里奈も真弓も、お腹《なか》が空《す》いているはずだ」。佳弥さんはドアを静かに開けてクルマを降りた。避難所の入口に向かった佳弥さんは、寝不足《ねぶそく》の目をこすりながら、信じられない光景を見ていた。

「なんだ、これは？」

それは、ふだん温厚《おんこう》な福島の人々からは想像もできない、殺気立《さつきだ》った姿だった。

配られていたのは、１人１日２個と決められた、ゴルフボール大の小さなおにぎり。想定より多くの避難者が殺到《さっとう》したために、数が足りなくなってしまったようだ。

みな自分の家族の分を確保しようと、必死に手を伸ばしている。

「おい、ニシャ（オマエ）んとこは、家族２人きりだろうが！」

「ばあちゃんが一緒なんだよ！」

「いいから、こっちさもよこせ！」

小さくて冷たいおにぎりを求めて、罵声《ばせい》を浴《あ》びせ合う人々――。

佳弥さんは思わずうめいた。

「地獄《じごく》のようだ……」

それでも、家族のために行列に並び、なんとか数個のおにぎりを受け取った。

「こんな硬《かた》くなっちまって……。これじゃあ里奈の細いのどは通らねえな」

一刻も早くここを出なければならない。

佳弥さんは天を見上げた。

3月末、最後の帰宅を決意

石沢さんたち家族は、震災後4日目から、福島県内の親戚のところに身を寄せていた。川俣町の避難所には丸2日間滞在したが、障害を持つ里奈ちゃんには、それが限界だった。

茂さんが、あちこちに連絡を入れた結果、猪苗代の旅館が、親戚一同20人ほどを迎え入れてくれた。冬場《ふゆば》から春先までは宿泊客が少なく、部屋の数にも余裕《よゆう》があった。ようやくゆっくり横になれる場所を得て、少し落ち着きを取り戻したが、佳弥さんは、一時帰宅を考えはじめていた。

「やっぱりクルマは必要だ……」

里奈ちゃんを病院に連れて行くにも、ちょっとした買い出しにも、足が必要だった。義兄や親戚に繰り返し頼むのも気が引けていた。

第二章

ごん太、いつか必ず迎えにくるからね

福島第一原発の事故で警戒区域に指定され、無人になった浪江町の中心部

それに、通帳や印鑑《いんかん》など、浪江に置いてきてしまった大切なものが、ほかにもたくさんある。

「いっぺん、浪江さ戻らねえか？」

佳弥さんは義兄に相談した。

震災から2週間たっても、第一原発から半径20キロ圏内の避難指示はいっこうに解除される気配はなかった。だが、浪江町に住んでいた友人や知人の多くから、こっそり一時帰宅をしたという話を聞くこともあった。

「それなりの線量《せんりよう》、食うことを覚悟《かくご》しなきゃなんねえよ」

放射線のことをよく知る義兄は、こう警告《けいこく》した。

度重《たびかさ》なる爆発事故で、9キロしか離れていない『宝来軒』周辺が、いったいどれだけ汚《お》染《せん》されているか、想像すらできなかった。2人は協議をした結果、滞在《たいざい》時間を極力《きよくりよく》短くすることを条件に、一時帰宅することを決めた。

2人の息子の話し合いを黙って聞いていた茂さんが、最後になって口を開いた。

「佳弥。ごん太、町さ放《はな》してこい」

佳弥さんの顔が曇《くも》る。

もちろん、ごん太の存在を忘れたわけではない。だが、考えないようにしていた。いまは、親戚とはいえ、ひとさまの世話になっている身。ごん太を連れてこられるはずもない。ましてや、あれから2週間が過ぎている。佳弥さんは、ここまで家族の中で、極力避けていた話題を、はじめて口にした。

「放してこいって……。生きてっか死んでっかも分かんねえよ」

息子の言葉に、茂さんは語気《ごき》を強めた。

「そんなこと、じゅうぶん分かってる。だからもし……生きてたら、町さ放してやれ……」

茂さんは、そう言って目を伏《ふ》せた。

ごん太を引き取ってから8年。茂さんは、どんなに忙《いそが》しくてもごん太との時間を大事《だいじ》にしてきた。

子犬のころは、寝るのも一緒だった。仕事を終えた後、疲《つか》れ果《は》てた茂さんは、毎晩のようにこたつでうたた寝をする。すると、子犬のごん太も茂さんのお腹の上にのっかって寝はじめるのだ。スヤスヤと寝息《ねいき》をたてながら。

しばらくして、目を覚ました茂さんが吹き出す。

「ハハハ。なんだ、ごん。俺の腹はおめえのベッドか」

茂さんがとくに厳《きび》しくしつけなくても、ごん太は、よく言うことを聞いた。最初の見立《みた》てどおりだった。

生後3カ月が過ぎると運動場で飼うようになった。道路に面しているので、すぐ目の前をほかの家の犬も散歩で通る。そんなとき、キャンキャンとほえてしまうのがふつうの子犬なのだが、ごん太は違った。

「ほえちゃなんねえよ！」

口元で指を1本立てて注意すると、ピタリと無駄ぼえを止める。茂さんが自分の腰《こし》をパンパンと叩《たた》けば、すぐ脇にピタリと並んだ。そして、次の指示が出されるまでは決してその場所を動かない。

また茂さんの機嫌《きげん》が悪いときは、ごん太はなにくわぬ顔で、黙って足下にいつまでも座っていたりする。

「な〜んだ、ごん。おめえ、気ぃ遣ってくれてんのか」

茂さんに笑顔が戻ると「役目は終わった」と言わんばかりに、スッと離れていく——。

なにも言わなくても分かっている。それがごん太だった。

翌朝、佳弥さんは猪苗代を発った。避難したときと同様、義兄のクルマに乗って浪江町に向かう。途中、ホームセンターに立ち寄って、自分のクルマに給油するための携行《けいこう》タンクと、ごん太の好物だったドッグフードを買い込んだ。

「なんだ？ 生きてっかどうだか分かんねえなんて言ってたくせに」

義兄が、珍《めずら》しくからかう。

クルマで走ること、およそ3時間。間もなく20キロ圏内というところで、義兄はクルマを停めた。それを合図に2人は後部座席で黙々《もくもく》と着替える。佳弥さんも、これを最後に捨てる予定の服を着込んだ。さらにビニール製のカッパを上に着て、マスクと帽子《ぼうし》を装着《そうちゃく》。露出《ろしゅつ》しているのは目元だけ、という姿になって20キロ圏内に入っていった。

佳弥さんは『宝来軒』の前でクルマを降りた。

「長居、すんでねえよ」

義兄はこう声をかけ、自分の家に向かっていった。

限られた時間の中、佳弥さんがまず向かったのは、ごん太のもとだった。

震災当日、大きく傾いていた家屋《かおく》は、その後の余震で、ものの見事《みごと》につぶれていた。通りから運動場をのぞき込むと、犬小屋の前にごん太はいた。

「ごん……。生きててくれたんだな」

マスクの奥から、佳弥さんは声を漏らした。目元以外、すべて覆《おお》い隠《かく》されているのに、ごん太はすぐに気がついたようだ。

ぼんやりと佳弥さんのほうをながめていたごん太は、急に目を輝《かがや》かせて首をもたげた。そして、以前のようにシッポをちぎれんばかりに振る。

「ごん太……」

ごん太の前まで歩み寄った佳弥さんは、しゃがみ込み、ほんの一瞬だけ抱き寄せた。ごん太のとがった頭と、自分の額《ひたい》をすり合わせるようにして話しかける。

「おめえのこと、連れてはいけねえんだ」

佳弥さんは、2週間前と同じように大きなステンレスのボウルを目の前に置き、ぶちまけるように、ドッグフードをすべてよそった。よほどお腹が空いていたのだろう、ごん太は、鼻先をドッグフードの山に埋《う》めるようにして、食べはじめた。

そんなごん太を、佳弥さんはしばらく見ていたが、意を決して立ち上がると、ボウルに水を汲《く》んで、脇に置いた。

するとと、甘えたような目でごん太が佳弥さんを見上げた。

佳弥さんは目をそらした。そして、ごん太に背を向けるようにして、父親に言われたとおり、運動場の出入り口を開け、屋敷の門扉も開いた。

長いこと、運動場に閉じ込められていたごん太は、遊んでもらえると勘違いしたようだ。ダーッと、勢いよく外に飛び出していった。そしてクルッと振り返って、また、佳弥さんを見る。「さあ、なにして遊ぶ?」とでも言いたげにシッポを振った。

「子犬んときと一緒だなぁ、ごん太」

石沢家に来てすぐのころ。朝、寝床に潜り込んできて、眠っている佳弥さんを起こしては、すごいスピードでシッポを振っていた。ちょっとかまってやれば、うれしくてさらにシッポを振り続ける。

「しまいには興奮《こうふん》しすぎて布団の上でオシッコ漏らしちまってなぁ、ごん。父ちゃんにこっぴどく怒られたこともあったっけ――」

佳弥さんはマスクの下で、笑顔になる自分をグッとこらえた。いまは感傷《かんしょう》にひたっている時間などないのだ。つぶれてしまった古い家で、必要な物を探した。

荷物をカバンに詰めて佳弥さんが出てくると、ごん太は門の前で待っていた。

「少しやせたか、おまえ」

ごん太のとがった頭が、目立って見えた。なでてもらえると思ったのか、佳弥さんの足下におすわりしてみせた。

佳弥さんは無視した。ごん太の脇をすり抜け、ずんずんと次の場所『宝来軒』に向かった。

そんな佳弥さんのつれない態度に、ごん太は小首《こくび》をかしげたが、それでも後を追い続ける。店の前まで来て佳弥さんが振り返った。

ごん太は「やっと遊んでもらえる」と思ったのだろう。懸命《けんめい》にシッポを振っている。しかし、佳弥さんの目は叱《しか》るときの険《けわ》しい目。ごん太のシッポがゆっくりと下がっていく。

「シッシ！　あっち行け！」

強い口調で、追い払うように手を強く振った。すると、その手を〝新しい遊び〟と勘違いしたのか、ごん太は跳《は》ねるように佳弥さんの手を避け、またシッポをパタパタしはじめた。

「遊んでるんじゃねえ。あっちさ、行け！」

何度も手を振り上げる佳弥さんの行動の意味を、なかなか飲み込めないごん太。困惑《こんわく》したような表情を浮かべている。

そして、また佳弥さんの足下にすり寄ろうと近づいていく。

「分かんねえ奴《やつ》だな、ごん。シッシ！」

佳弥さんはすごい形相《ぎょうそう》でにらみつけた。ごん太の体を強く押しやると、一段と大きな声で「あっち行け！」と怒鳴《どな》り、握った右の拳《こぶし》を本気で振り下ろす。

それをすんでのところでかわしたごん太は、おびえたような表情で、しばらく佳弥さんを見つめていた。

そして、なにかを感じ取ったのか、キューンと悲しそうにひと鳴きしたあと、ゆっくりと向きを変えた。トボトボとした足取りで、来た道を、自分の犬小屋の方向に戻っていった。シッポをだらりと垂《た》らしたままで。

「急がないと！」

佳弥さんは腕時計をチラッと見た。

『宝来軒』の3階に駆け上がると、持ち出す書類や家財《かざい》道具などをまとめて下まで運び出す。それから、駐車場に停めたままになっていた自分のクルマにガソリンを給油し、次々に荷物を積み込んでいった。作業の途中、ふと目をやると、十数メートル先にごん太の姿が見えた。こちらをじっと見ている。

2週間放置していたわりに、クルマのエンジンはすんなりかかった。ギアをドライブに入れて発進する直前、佳弥さんはいつものように、バックミラーで後方確認をする。ミラーの中には、やっぱりごん太の姿があった。まだ心細《こころぼそ》そうに弱々《よわよわ》しくシッポを振っている。

「いつか必ず迎《むか》えに来っから……」

佳弥さんは小さく声に出して言うと、ふうーっと大きく息を吐いた。サイドブレーキを外し、アクセルを踏み込む。生まれ故郷《こきょう》から、ごん太から、クルマはどんどん遠ざかっていく。佳弥さんは20キロ圏内を出るまで、絶対にバックミラーを見なかった。

運転中に何匹もの犬の姿を見た。飼い主に置き去りにされてしまった犬たちだろう、通り過ぎるクルマを見据《みす》えていた。

ワンワンとほえながら、ごん太と同じ茶色の大型犬が道の反対側から寄ってきたときは、あわててブレーキを踏んでしまった。

「あれはごん太じゃねえ。ごん太はあんなして、ほえねえからな」

色が似ているだけで、ごん太とは似ても似つかない犬だ。動揺《どうよう》してしまった自分がおかしくて、佳弥さんはフッと笑みをこぼした。次の瞬間、頬が涙で濡れた。こみあげてくるものに耐えきれなくなってクルマを路肩《ろかた》に停めた。ハンドルに頭を押し付け、肩を小刻みに震わせていた。

第三章

余命1カ月の被災犬、トトロ

4月15日、ごん太救出される

午前9時すぎ、宮城県石巻市《いしのまきし》を3台のクルマが、福島へ向けて出発した。地震と津波で、道路のあちこちにできた亀裂《きれつ》や陥没を、ゆっくりと縫《ぬ》うように避けながら、3台のクルマは太平洋岸《たいへいようがん》の国道6号線を南下していった。

その小さな車列の先頭、四駆車《よんくしゃ》の後部座席に座っているのは、動物救護《きゅうご》ボランティアの玉田久美子《たまだくみこ》さん。パソコンで調べものをしながら、玉田さんは、ときおり祈るような眼差しを東の海に向けた。

「どうか、1頭でも多くの動物が、元気でいますように……」

前の晩は、ほとんど眠ることができなかった。連日のボランティア活動は多忙を極《きわ》めていた。前日も宮城県内各地の避難所を回り、ペットとともに避難してきた人々の相談にのったりペット用の物資を届ける作業に追われ、テントの中で横になることができたのは深夜0時を回ってからだった。体はくたくたに疲れているはずなのに、いま、こうしてのろのろと進むクルマのシートで揺られていても、まったく眠くならないのが自分でも不思議《ふしぎ》だった。

それは、極度の緊張感に包まれていたからにほかならなかった。

福島県に入ってしばらくすると、車窓《しやそう》から見える景色《けしき》に変化が現われた。等しく津波に襲われた東北地方の海岸線。ある一線を越えると、それまで見えていた人々の生活感や、日々の営《いとな》みの気配がどんどん薄れていった。

「もう、屋内退避区域《おくないたいひくいき》に入りましたね」

ハンドルを握る男性ボランティアの声もどこか緊張していた。

「この辺、もう放射線量は、そうとう高いんでしょうか……」

そんな、ドライバーの問《と》わず語《がた》りの言葉に、玉田さんは「そうかもしれないですね」と短く相《あい》づちを打った。

玉田さんは4月上旬から、石巻を拠点《きよてん》に、被災した動物たちのための活動を続けてきた。彼女らのグループのもとには、早い段階から福島の動物たちの窮状《きゆうじよう》が伝えられていた。

「福島に取り残された動物たちを救いに行こう」

ボランティア仲間にこう誘われて、玉田さんはまる2日間、悩んだ。放射能はもちろん怖い。まだ32歳、将来は子供だって欲しい。しかし、それ以上に恐《おそ》ろしかったのは、あの地域に取り残された動物たちの悲惨《ひさん》な姿を目の当《まあ》たりにしてしまうことだ。

伝わってくる福島の惨状《さんじょう》はすさまじいものだった。

事故から1カ月以上が経過したいま、《町のあちこちに餓死《がし》した犬の亡骸《なきがら》が転がってい る》なんて話は、序《じょ》の口《くち》だった。なかには《野生化した犬や猫が共食《ともぐ》いをしている》とい う情報まで。

万が一、そんなシーンを目撃《もくげき》したら、ショックで動物救護ボランティアを続けていけな くなるとまで、考えていた。


玉田さんたちを乗せたクルマの先に、警察車両が並ぶ検問所《けんもんじょ》が見えてきた。

「ここから先は福島第一原発事故による、避難指示区域になります」

白い防護服で全身を包んだ警察官が説明した。

玉田さんたちは、自分たちが動物救護ボランティアであること、避難指示区域内に動物の保護に向かうことを説明した。警察官は、3台の車両のナンバーをすべて控《ひか》えてからこう言った。

「なかは放射線量が高いから。3時間以内に退避してください」

玉田さんは、福島第一原発から20キロ圏内に、足を踏み入れた。この日、目指していたのは、さらに原発に近い浪江町だ。数日前、やはり20キロ圏内に入ったボランティア仲間が、多くの犬を目撃したと話していたからだ。

「まだ、そこには生きて、助けを必要としている犬たちがいる」

そんな思いが、いまにも足がすくみそうになる玉田さんの背中を強く押した。

車窓から見える光景を前に、あの日で時間が止まってしまったような錯覚《さっかく》を覚える。崩れたブロック塀《べい》やつぶれかけた家屋、打ち上げられた船や、津波に打ち砕かれた建造物……。そんな人間の消えた町のあちこちに、犬や猫、動物たちがいた。牛の群《む》れが道路を横切り、野生化した豚の親子は、住民のいなくなった民家に入り込んでいる。

「本当に、たいへんなことになってるんだ……」

そう言って玉田さんが豚の親子を目で追っていたとき、後方の軽ワゴン車がクラクションを鳴らして停車した。ほかの2台も相次《あいつ》いで停まる。これが保護すべき動物を見つけたときの合図だ。

クルマの周りに、少し距離を置いて犬たちが群れる。久しぶりに見る動くクルマに「飼い主が戻ってきてくれた」と勘違いしているのかもしれない。しかし、クルマのドアが開くと、いっせいにほえだした。

「ワンワン、ガルルルルーッ、ワンワンッ」

クルマから降り立った人間が、飼い主ではないと分かったのか、犬たちは警戒心をいっぱいにして、威嚇《いかく》しはじめた。

「置き去りにされたことで、人間に対して不信感を持ってるんですかね」

男性ボランティアは、犬たちの気持ちをおしはかる。

「ほうら、おいで、おいで。ごはん持ってきたよ」

男性ボランティアは、持参したドッグフードで気を引いて、ほえ続ける中型犬をなんとか保護しようと試みる。

警戒しながらも、1頭の中型犬がじりじりと近づいてきた。

そーっと犬の斜め後ろに回り込んだ別の男性ボランティアが、犬の首に手を伸ばす。ところが――。

「うわっ！」

背後に気配を感じた犬は、素早く首をひねり、目の前に差し出された手にかみつこうとしたのだ。犬は、そのまま走り去った。つられるように、ほかの犬たちも。

「仕方ない。次を当たりましょうか」

玉田さんたちは、近くの建物の軒先《のきさき》にドッグフードと水をたっぷりと置いて、またクルマに乗り込んだ。さきほどの犬たちが数百メートル離れたところで、クルマの出発を恨《うら》めしそうに見ている。あれほど威嚇していたのに、その表情はどこか悲しそうだった。

「助けてあげられなくて、ごめんね。人のことを信用できなくしちゃって、ごめんね……」

玉田さんは心の中でつぶやいていた。

3台のクルマは原発から約9キロ、浪江町の住宅街に入っていく。何度か同じような失敗を繰り返しながら、犬たちの保護《ほご》・捜索《そうさく》活動は続いた。警察官に言われたタイムリミットまで1時間を切ったところで、住宅街の路地《ろじ》に、一頭の大型犬の姿を見つける。

「いた。合図してクルマ停めて」

ドライバーが短くクラクションを鳴らしクルマを停めた。

クルマから降り立った人間が、飼い主ではないことはすぐ嗅《か》ぎ分けたはずだ。しかし、その茶色い大型犬は逃げない。かといって、クルマに駆け寄ってくることも、ほえることもしない。

ただただ、ゆっくりと、どちらかといえばヨタヨタとした弱々しい足取りで、近づいて

救出のとき、ごん太（写真奥）は自ら玉田さんたちのもとに歩み寄ってきた
（写真提供／玉田久美子さん）

きた。

ボランティアたちは、トランクからドッグフードや、捕獲《ほかく》するため犬の首に巻くリードなどの準備をしながら、犬から目を離さなかった。

玉田さんにはその犬の心の声が聞こえた。

「みんな、いったいどこに行っちゃったの？」

犬は、相変わらずゆっくりゆっくりと近づいてくる。男性ボランティアがドッグフードを用意する。

「ほら、ごはんだよ」

餌のにおいを嗅いでも、犬は駆け寄ってくることはしない。恐る恐るというのでもない。まるでシャイな子供のように、もじもじと、のそのそと距離を縮めてきた。

そして地面に置かれたドッグフードの皿にゆっくりと首を伸ばす。そのすきを見逃さず、リードで作った輪っかを犬の首に巻いた。やっと、一頭の犬を保護できた瞬間だった。

「この大型犬は、まだそれほどやせてないね」

男性ボランティアがこんなことを言った。

「もしかしたら飼い主さんが定期的に来て、面倒《めんどう》をみているのかもしれない」

第三章

余命1カ月の被災犬、トトロ

玉田さんも、その言葉の意味をよく理解していた。

彼ら以外にも多くのボランティアが、福島の避難指示区域に入って、動物の保護を続けていた。だが、なかには施錠された民家の中に上がり込んでまで、犬や猫を連れて帰るボランティアもいる。そんな少々行きすぎた保護が、少なからずトラブルも招《まね》いていた。ときどき愛犬のもとに通《かよ》っていた飼い主が「勝手に連れ出された」と騒ぎ出すケースもあった。そこでボランティアたちは、動物を保護した場所に、ペットの特徴《とくちょう》や連絡先を記《しる》した貼り紙を残すようにしていたのだが、飼い主が見落としてしまうことも多々あったという。

「このワンちゃんも、もしかしたら飼い主さんが通ってきてるのかもしれない。だとしたら、ここで僕たちが保護して連れ出すのは、賢明《けんめい》ではないんじゃないかな」

男性ボランティアたちは、この犬を保護すべきか、決めかねていた。

玉田さんは、彼らの議論を黙って聞きながら、犬の頭部の茶色の毛をすくようになでていた。「あれ?　ここにタンコブがあるみたい」と彼女が思った瞬間、犬が顔を上げた。

「た・す・け・て……」

玉田さんはまた犬の声を聞いた。

そして、決心する。

「もしかしたらこの保護は、飼い主さんにとっては、ありがた迷惑《めいわく》なことになってしまうかもしれません。でも、飼い主さんが通ってきてるという保証も、飼い主さんがこの子を連れ出してくれるという保証もなにもない。だったら、私たちが連れ帰りましょう」

獣医師の診断

「あれ？　トトロったら、またごはん残してるの？」

玉田さんたちのボランティアグループは、保護した犬すべてに、アニメのキャラクターの名前を付けていた。浪江町で保護された茶色の大型犬は、その穏やかな性格、大きな体から、「トトロ」という仮の名を与えられていた。トトロは、その後、居場所を二転三転することになった。

いったんは宮城県石巻市にあった、玉田さんたちの活動拠点に移動した。だが、このとき、玉田さんたちが間借りしていたのは『石巻動物救護センター』の一角だった。このセンターでは、原則、管轄内《かんかつない》で保護した犬や猫を飼育するのが決まりだった。つまり、福島で保護されたトトロたちは住まわせてもらえないということになる。

「どこかほかに、場所を探さなきゃ……」

救いの手を差し伸べてくれたのが、『ペットの専門店コジマ』だった。同社を中心に設立された被災動物の救援組織『(社)東日本ＰＥＴ緊急救援チーム』は、石巻の救護センタ

第三章

余命１カ月の
被災犬、
トトロ

『ドッグフォレストペットケアセンター』にて

ーに、ペット用品など物資の支援をしていた。そのとき、センターの隅で細々と活動していた玉田さんたちのグループにも、声をかけてくれたのだ。

「よかったら、うちの施設を使いませんか？」

この計《はか》らいで、玉田さんたちの活動拠点も、玉田さんたちが保護した犬たちも、静岡県伊東市《いとうし》にコジマが所有している『ドッグフォレストペットケアセンター』に移ることになった。

「は〜いはい、いい子だね〜、はい、ちょっと歯茎《はぐき》も見せてね〜」

静岡に移動してから約1カ月が経過した6月の初旬。犬たちは獣医師・小椋功《おぐらいさお》さんの往診を受けていた。

「ん？　ちょっとここに、しこりがあるな」

トトロのアゴ下を触《さわ》る小椋獣医師の指先には、ビー玉より二まわりほど大きなしこりが確認できた。玉田さんたちボランティアや、ドッグフォレストのスタッフからも、トトロの体調が芳《かんば》しくないことが報告されていた。食欲もなく、便もゆるい……。

診察後に、小椋獣医師は告げた。

「体全体を触診《しょくしん》しましたが、もう全身のリンパ節《せつ》が腫《は》れてしまってますね。おそらく、このワンちゃんは悪性のリンパ腫《しゅ》に侵《おか》されています」

悪性リンパ腫とは、白血病《はっけつびょう》などと同じ、血液のがんだ。白血球《はっけっきゅう》の中のリンパ細胞《さいぼう》ががん化する病気で、なかにはお腹の中に腫瘍《しゅよう》ができる犬もいる。トトロのように、体表部《たいひょうぶ》にしこりができるのは「多中心型」といって、リンパ腫の中でも比較的《ひかくてき》多い症状だという。

玉田さんはあわてた。「リンパ腫、リンパ腫……」と口の中で反芻《はんすう》しながら、その病名の持つ意味を理解しようと努めていた。だが、獣医師は追い打ちをかけるように、さらに厳しい宣告をした。

「現段階ではっきりしたことは言えませんが、とくに治療《ちりょう》をしない場合、余命《よめい》は1カ月ほどと思ってください」

目の前が暗くなった。せっかく、危険な場所から救い出したというのに、まさか、そんな重い病気だなんて……。

その場で体が崩れ落ちそうになるのを必死でこらえた。そして、玉田さんは、決意を新たにした。

「なんとしても、トトロをもう一度、飼い主さんに会わせてあげなくちゃ」

玉田さんは犬の世話と並行《へいこう》して、犬の飼い主捜《さが》しに奔走《ほんそう》した。早朝から、犬舎《けんしゃ》の掃除《そうじ》や犬の散歩、日中は新しく生まれた子犬も含め20頭以上の犬の世話に忙殺《ぼうさつ》された。夜、陽《ひ》が落ちた後は、飼い主捜しの時間に当てた。

ホームページを立ち上げ、保護した犬たちの克明《こくめい》な情報を掲載《けいさい》した。しかし、避難先ではインターネットにアクセスできない人も多い。また、飼い主が高齢者であれば、パソコンに触ったことのない人もいるだろう。そこで、同じ内容のチラシを何百枚と印刷し、被《ひ》災者《さいしゃ》が暮らす避難所すべてに封書で送った。

それでも、なかなか飼い主たちは見つからなかった。

トトロは、伊東市の『伊東動物愛護病院』で再検査を受ける。血液検査や、しこり部分の細胞の検査だ。結果は、最初の診断と同じだった。トトロに残された時間は限られていた。

里奈ちゃんとごん太

石沢《いしざわ》家は、4月8日から、福島県本宮市《もとみやし》の雇用促進《こようそくしん》住宅に転居していた。自力《じりき》で各方面に問い合わせ、やっとのことで本宮市が用意してくれた新たな住居を見つけたのだ。

6畳と4畳半の二間に台所という、簡素《かんそ》な団地《だんち》の間取《まど》り。ここに5人が暮らしていた。

もしかすると、ごん太《た》の運動場よりもこぢんまりとしているかもしれないが、贅沢《ぜいたく》は言っていられない。佳弥《よしや》さんには、家族が一緒に暮らせることがなによりうれしかった。

「とうちゃ～ん」

補助椅子の里奈《りな》ちゃんが、佳弥さんを呼ぶ。

震災から1カ月。やっと里奈ちゃんは落ち着きを取り戻し、以前のようにリラックスして、おしゃべりもできるようになった。

「ん？　なに、里奈？」

大きなテレビのリモコンを操作しながら、佳弥さんが答える。このテレビは、あの一時帰宅のとき、自宅から持ち出したものだ。

「なんだ？　お菓子《かし》か？」

最近の里奈ちゃんのお気に入りはスナック菓子だ。

健常《けんじょう》な子供のようにはいかないが、それでも、目の前の皿に出されたスナック菓子を、なんとか腕《うで》を伸ばし、自分でつかんで、口に運ぶ。ときどき、力が入りすぎて割れてしまったり、うまく口に運べないこともあるが、佳弥さんも真弓《まゆみ》さんも、これも里奈ちゃんの練習、と手助けせずに、黙ってそのようすを見ている。

お菓子を手で探しながら、里奈ちゃんがさらにこんなことを聞いた。

「とうちゃ〜ん、ご〜ん太ぁ〜は〜？」

佳弥さんは「ん？　ごん太？」と言いながら、一拍《いっぱく》間を置いた。なんと答えていいか迷っていた。

「ごん太はね、『宝来軒《ほうらいけん》』でお留守番《るすばん》してるよ」

我《われ》ながら、いい答えが見つかった。佳弥さんはそう思った。

ところが。

「う〜そ〜。だ〜って〜、ほ〜らいけ〜んは〜、じ〜し〜ん〜で〜、つ〜ぶ〜れ〜た〜で〜しょ〜」

里奈ちゃんは相変わらず鋭いことを言う。それでも、ここで前言《ぜんげん》を翻《ひるがえ》すわけにはいかない。

「つぶれてなんかないよ。『宝来軒』はじいちゃんが地震でもつぶれないように、頑丈《がんじょう》に建てたんだからねー。お店のお皿は全部、割れちゃったけど、お店はつぶれてないよ」

「ごん太のこと好きか?」と聞かれ里奈ちゃんは……

それは嘘《うそ》じゃない。ただ、佳弥さんのどことなく困《こま》ったような声のトーンを感じ取ったのか、里奈ちゃんはいま一つ納得《なっとく》がいかないようすで「ふ〜ん」とだけ言って、あとは黙ってしまった。

茂《しげる》さんが助け船を出した。

「里奈は、ごん太と仲よしだかんなぁ。ごん太は、大事な家族なんだよな。

おい里奈、ごん太のことさ、好きか？」

頭をなでられた里奈ちゃんは、うれしそうに瞳をクルクルさせ、ちょっともじもじしてから、

「すう〜きぃ〜！」

里奈ちゃんが生まれたとき、もうごん太は石沢家の一員だった。

誕生から1週間後、真弓さんに抱かれて病院から自宅に帰った里奈ちゃんに、ごん太がのそのそと近づいてくる。

当時犬が苦手だった真弓さんは、生まれたばかりの赤ん坊に近づく大きなごん太に、一瞬、身がまえた。

いくら甘がみのつもりでも、あんな大きな犬にガブッなんてやられたら、赤ん坊はひとたまりもないのではないか、と。

真弓さんの心配をよそに、ごん太はどこまでも穏やかだった。

里奈ちゃんの顔に自分の顔を近づけると、クンクンとにおいを嗅いだ。ペロペロと里奈ちゃんの小さな頰を数回なめると、あとは何事もなかったかのように、茂さんのもとに戻っていく。

茂さんが声をかける。

「な〜んだ、ごん。あいさつ終わりか？　里奈のこと、もうちゃんと覚えたのか？」

佳弥さんは、ごん太になめられたばかりの里奈ちゃんの頰をなでながら言う。

「里奈、いま、ごん太になにされたんだ？」

「あいさつだよね。初めましてって言ってたんだよ、きっと」

真弓さんが、ほっと胸をなで下ろす。

「ごん太が里奈のこと、家族だって認めたんでねえか。ちいちゃい里奈を、自分で守る気になってんだ、きっと」

茂さんの解説に、昭子《あきこ》さんが「そりゃ、どうだかな〜」とまぜっかえす。

「甘ったれの、ごん太のこったから。ホントは焼きもち、焼いてたんでねえか」

「それもそうだなあ、ハハハハ」

家族全員、この説には妙に納得してしまったようす。

当のごん太は茂さんの足下で、フンッと鼻を一つ鳴らしてみせた。


少し成長した里奈ちゃんにとって、ごん太はいい遊び相手だった。

「ほら、里奈。ちゃんとつかまれ」

佳弥さんがごん太の背中に里奈ちゃんを乗せると、ごん太はトコトコと逃げ出そうとする。でも佳弥さんは逃がさない。里奈ちゃんを抱えて、ごん太を追いかける。

里奈ちゃんはキャッキャとはしゃぎながら、なかなか自由に動かせない指で、懸命にごん太の背中の毛にしがみつく。甘んじて背中を提供するごん太の顔は不機嫌《ふきげん》というより、どこか「しょうがね〜な〜」と言っているように見えた。

真弓さんがクスクスと笑いながら、

「ごん太、怒ってるよ。かわいそうだよ」

その隣で、茂さんは不思議そうに見ていた。

「ごん太は、あんなんされても、ほえないどころか、うなりもしねえなぁ。あれは、相手が弱い里奈だって分かってんだ。やっぱり里奈のこと、守ってるつもりなんだべなぁ」

確かにごん太は、茂さんや佳弥さんには、遊んでほしくて飛びつくことがある。ところが、里奈ちゃんに対しては、ぜったい乱暴な真似はしなかった。

そして、里奈ちゃんにとっても、ごん太は特別な存在になっていった。

以前、『宝来軒』に近所の奥さんがかわいらしい子犬を連れてきたことがある。

「里奈。子犬だよ。かわいいよ～。なでなでしてごらん」

真弓さんが何度勧《すす》めても、決して手を伸ばそうとしない。

「いい！」

それはもう、かたくなに拒否《きよひ》するのだ。

「里奈は犬が嫌いってこともないはずだけど……」

「あれだべな、ごん太は耳元でほえることもねえし。里奈がイヤなことはぜってえしねえ。だから里奈もごん太が好きなんだべなぁ。ごん太でなければダメなんだべ」

これは昭子さんの見解《けんかい》だ。

また里奈ちゃんは、ごん太のことで、茂さんを大いに驚かせたこともある。

「じ〜ちゃ〜ん」

「なんだ、里奈?」

厨房の奥で仕込みをしていた茂さんが、顔だけのぞかせた。

「ご〜ん太ぁ〜に〜、ご〜は〜ん、あ〜げ〜た〜?」

「なんだ、里奈。ごん太の心配してくれんのか。大丈夫。さっきちゃんとあげてきた」

こう答えると、安心したように笑った。

ごん太のことを気遣う里奈ちゃん。茂さんは、そんな孫の成長がうれしくてたまらなかった。

第四章

善意のリレー

東日本大震災で被災された方のなかには、涙をのんでペットと離れ離れになってしまった人が大勢いる。どんなに大切な家族でも、動物を連れたまま避難先を探すのは、簡単なことではない。ましてや、重い病気を抱えた大型犬となれば――。

そんな被災地に残された動物を保護するボランティアに、キャンプもスニーカーも未経験という〝都会育ちのお嬢さん〟がいた。

被災動物レスキュー・ボランティア 玉田久美子さん(33) 飼い主を捜して奔走中！

悪性リンパ腫に侵され 福島第一原発から約9キロの町で保護された

余命1カ月の被災犬

小雨が降る6月の朝、犬舎であるログハウスの中には、犬独特の臭いが立ちこめていた。玉田久美子さん（33）が窓を開け、空気を入れ替える。そして1頭ずつに声をかけながら、併設されているドッグランに、犬を放つ。

空いたケージを黙々と洗い始めた玉田さんは、動物ボランティア団体　の　スタッフだ。ここ、静岡県伊東市にあるペットシェルター「ドッグフォレストペットケアセンター」の一角を借り、東日本大震災で被災した犬のケアに当たっている。

掃除を終えた玉田さんは犬舎の外へ出て、ある1頭を優しく抱き寄せた。ゴールデンレトリバー系のミックスだというその犬に「トトロ」と呼びかけると、嬉《うれ》しそうに顔を上げた。

「最後にもう一度この子を抱きしめてあげて！」

『女性自身』（7月19日号）誌面

『女性自身』掲載と善意のリレー

6月14日。週刊誌『女性自身《じょせいじしん》』の編集部《へんしゅうぶ》に1本の電話が入った。

「福島第一原発から20キロ圏内で保護したワンちゃんたちの飼い主さんを捜しています。ワンちゃんたちの情報を、記事にしていただけませんか？」

電話の主は玉田《たまだ》さんだった。

『女性自身』の取材班《しゅざいはん》は、すぐさま伊東市の施設に向かった。

玉田さんが行っていた被災犬保護のボランティア活動を、ノンフィクション連載「シリーズ人間」で紹介することになったのだ。

タイトルは「余命1カ月の被災犬『最後にもう一度　この子を抱きしめてあげて！』」。トップページには、トトロを抱き寄せる玉田さんの写真を掲載した。

この記事が大きな反響を呼ぶ。

「あのワンちゃんはまだ元気なの？」

「あの子の飼い主は見つかりましたか？」

編集部には、トトロの容態《ようだい》を心配する声が多く寄せられた。電話や手紙で支援を申し出る人も出てきた。

そんな全国からの励《はげ》ましの声が天に届いたからだろうか、トトロは宣告された余命を超《こ》え、命をつなぎ止めていた。玉田さんたちの懸命の世話と、獣医師の適切《てきせつ》な治療のおかげで、悪性リンパ腫の進行を遅らせることができているようだ。


神奈川県鎌倉市《かまくらし》在住の深谷《ふかや》イヽコ《いいこ》さんは、自分が飼っている猫のことをインターネット上のブログにつづることを趣味にしていた。だが、震災以降は、被災地に取り残された動物たちのニュースを集めては、よくブログの読者に紹介していた。

その日、深谷さんは、パソコンのモニターに釘付《くぎづ》けになった。

「余命1カ月なんて、そんな……。私にもなにかできないかしら」

彼女が見ていたのは、動物好きが集まるサイトに掲載された『女性自身』の記事だった。

そこにはトトロの写真もあった。

深谷さんは、すぐさま忙しくマウスを動かしはじめる。トトロの写真を自分のブログにも貼り付け、紹介文を書きはじめたのだ。

「この情報を少しでも多くの人に広めないと……」

それでも、まだ足りないと思った。

「なにかほかに手だては……。そうだ！」

深谷さんは、福島県浪江町出身の友人を思い出す。


東京都江戸川区《えどがわく》在住の本間尚子《ほんまなおこ》さんは、被災した愛犬を自分一人で捜し出し、保護することに成功した人物だ。

彼女の浪江町の実家には、母親と年老いた雌犬《めすいぬ》のハナが暮らしていたが、震災の日を境《さかい》に、ハナだけが行方不明《ゆくえふめい》になる。

本間さんにとってハナはかけがえのない家族。震災直後から東北や関東各地のペットシェルターを訪れては、ハナを捜し回ったそうだ。幸い、3カ月後に実家近くで発見することができた。

「次は、私が誰かの役に立ちたい。地元の人や、動物たちの役に立ちたい」

シェルターでは、飼い主との再会を待つ犬や猫の姿をたくさん見た。なかには、キツネ猟《りょう》のわなにかかって片足を失ってしまった犬もいた。また、地元では、首輪をしたまま朽《く》

手製のポスターを貼り歩いた本間尚子さん

ち果《は》てている犬を何匹も目にしていた。

7月半ば、本間さんの携帯電話のメール着信音が鳴った。

メールを開くと、送り主は深谷さんだった。以前、ハナを捜索していたときにネットを通じて知り合い、多くの情報を集めてくれた友人だ。

「浪江町で保護されたワンちゃんだそうです。心当たりありませんか？」

メールにはトトロの写真も添付《てんぷ》されていた。

それを見た本間さんは、すぐさま自宅を飛び出した。

携帯電話を持って、近所のコンビニに飛び込み、写真を、十数枚印刷。そして、その写真に犬の特徴、保護された場所、さらに玉田さんの連絡先などを書き添《そ》えて、手製のポスターに仕上げた。

本間さんは、数日後に、実家への一時帰宅を予定していた。

7月28日。無人の町と化した故郷・浪江町。

本間さんは一時帰宅の道中、休業中の駅や銀行、コンビニなど、人目につきそうな場所に、手製のポスターを貼って回った。自分と同じように一時立ち入りした住人が、このポ

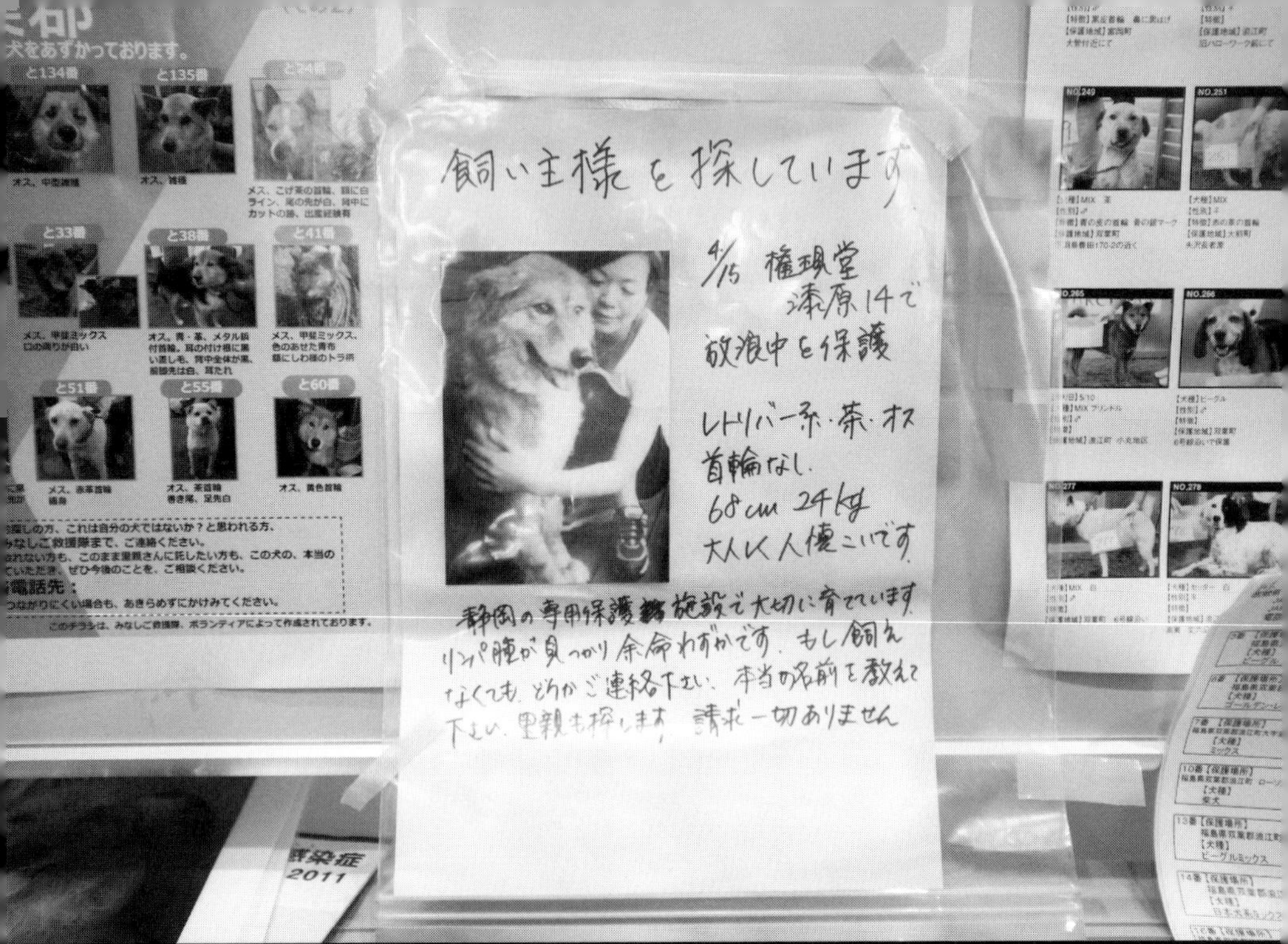

犬をあずかっております。
と134番
と135番
と24番
と33番
と38番
と41番
と51番
と55番
と60番
飼い主様を探しています
4/15 権現堂
漆原14で
放浪中を保護
レトリバー系・茶・オス
首輪なし
68cm 24kg
大人しく人懐こいです
静岡の専用保護施設で大切に育てています
リンパ腫が見つかり余命わずかです。もし飼えなくても、どうかご連絡下さい。本当の名前を教えて下さい。里親も探します。請求一切ありません

スターを見てくれることを祈りながら。

もしかしたらと、二本松市内にできた浪江町の仮設《かせつ》役場にも足を延ばした。

「すみません、飼い主を捜している被災犬のポスターを持参したんですが……」

役場の人は、役場の入口のほうを指さして言った。

「あそこの掲示板《けいじばん》が被災犬関係になります。どうぞご自由にお貼りください」

ところが、掲示板にはすでに被災動物の情報が、びっしりと貼り出されていた。ほかのポスターは、ワープロソフトなどを使ったきれいなカラー印刷のものばかり。雑誌のページを携帯電話で複写した「不鮮明なモノクロ写真と手書きの文字」という自分の貼り紙が、ひどく貧相《ひんそう》に思えて、気が引けた。

それでも本間さんは「ちょっと、ごめんなさい」とつぶやきながら、ほかの貼り紙を少しずつ詰めて寄せる。ようやくできたいちばん下の段のスペースに、自分のポスターの最後の1枚を貼った。

「どうか、飼い主さんの目にとまりますように……」

それから約10日後の8月9日。

一人の初老の男性が腰を屈《かが》めるようにして、役場の掲示板をのぞき込んでいた。その真剣な眼差《まなざ》しの先にあったのは、本間さんが貼った、あのポスターだった。

「これ、このとんがった頭、ごん太《た》でねえか……？」

茂《しげる》さんだった。

掲示板に貼り出されたごん太

浪江町仮設役場。ポスターを見た茂さんは、すぐに佳弥《よしや》さんに電話を入れた。

「まだ、ごん太と決まったわけじゃねえ。でも、間違いでもいいから、ここにいっぺん、電話してみろ」

佳弥さんは、自分の目でその写真を確かめたいと、二本松までクルマを飛ばしてやってきた。そして、確信した。

「気の弱そうな垂れた目。それにこの、頭……。ごん太だ、ごん太」

佳弥さんは、反射的に携帯電話のボタンを押していた。

ちゃんと呼び出し音が鳴っている。でも、先方《せんぽう》はなかなか出てくれない。そのほんの数秒がもどかしかった。

と、同時にあの日の悲しげなごん太の姿が目に浮かぶ。

「ごん太は……俺のこと、許してくれるだろうか……」

携帯電話を耳に押し当てながら、目の前で、「絶対にごん太だよな……」と目を輝かせている父親を見ているのが、つらくなってきた。

佳弥さんが目をそらした瞬間、電話がつながった。

「はい、玉田です」

うまく言葉が出てこなかった。

「もしもし～?」

電話の相手が少し、不審《ふしん》がっているのが分かる。

茂さんが「なんだ？　電話さ出ねえのか?」とブツブツと言いはじめた。

佳弥さんは意を決して、

「あの、そちらで保護されてるっていう犬の貼り紙を見て……」

佳弥さんは、ごん太の特徴を次々に挙げていった。そのひとつひとつが玉田さんのもとにいるトトロと重なっていく。

「ごん太にほぼ間違いなさそうだね」

「おお、やっぱり、そうか！」

無邪気《むじゃき》によろこぶ父親に、すぐに伝えなければいけないことがあった。

それは、ごん太の病気のこと。貼り紙には「余命1カ月」とまでは書かれていなかったが、電話の女性が教えてくれたのだ。

「でもね、ごん太、病気だってさ。あんまり長くないかもって」

息子の口から出た言葉で、茂さんの顔色がみるみる変わっていった。

「なに⁉　おめえ、いったいなに言ってんだ？」

生きていた。やっと見つかった。だが、その直後の思ってもみなかった余命宣告。

それから、茂さんと話ができるようになるまでに、半日がかかった。

翌朝。茂さんは佳弥さんに言った。

「病気でもなんでも、ごん太はごん太だ。ちょっと遠いみてえだけど、里奈《りな》連れて、会いに行ってきてくれ」

8月21日。静岡県伊東市の『ドッグフォレストペットケアセンター』の駐車場に、1台のいわきナンバーのワゴン車が滑り込んできた。駐車したクルマから降りたのは、佳弥さん、真弓《まゆみ》さん、そして車椅子に乗った里奈ちゃんだった。

佳弥さんは複雑な気持ちを抱えたままだった。避難先の福島県本宮市から、約6時間のドライブの間も、その気持ちに整理はつかなかった。うれしい気持ちがないわけではない。しかし、そう思うと同時に、やはりあの日のごん太の顔が、目に浮かんでくるのだ。

「きっと、俺のこと、恨《うら》んでんだろうな……」

たとえどんな事情があったにせよ、自分はごん太を捨てた。5カ月間、ずっと自分を責めた。忘れよう、忘れようと思っても、ごん太を忘れることなど、できなかった。

それに、今日会えたとしても、避難先の本宮の団地ではごん太を飼えない。連れて帰れはしないのだ。ましてやごん太は重い病気にかかっている。また今日も、ごん太は俺に捨てられることになる……。

「だったら、もう会わないほうがいいんじゃないか」

高速道路を運転中、出口の標識《ひょうしき》を目にするたびに、「次で降りて引き返そう」という考えが、何度も何度も浮かんでは消えた。

ごん太が覚えていたもの

犬舎に囲まれた広場。石沢さん家族は、ここで再会のときを待っていた。

そこに、ここでは「トトロ」と呼ばれていたごん太が、玉田さんにリードを引かれてやってきた。両者を隔《へだ》てる距離は、あと、およそ10メートル。この、微妙《びみょう》な距離を隔てて、ごん太と、石沢さんたち家族は見つめ合っていた。しかし、その距離はなかなか縮まらない。

「ああ、ごん太だ。うちのごん太に間違いない」

佳弥さんは思っていた。いますぐ駆け寄って抱きしめたい、と。同時に、合わせる顔なんかない、とも。

ごん太はごん太で、佳弥さんたちを不思議そうに見つめるばかりだ。ほえることもしない。ときおり、脇に立つ玉田さんを見上げるだけで、なかなか前に進もうとしない。

いっこうに縮まらないその距離が、5カ月間という月日を、そのまま物語っているようだった。

さまざまな感情に押しつぶされそうだった佳弥さんが、たまらず大声を出した。

遠くに石沢さん一家の姿を見つけ
「ん?」という顔で立ち止まるごん太

5カ月ぶりの再会。
ごん太は最初、戸惑いの表情を浮かべていた

ごん太のとんがり頭に、
自分の額をすり寄せる佳弥さん

「おい！　ごん太。分かるか？」

この声に、すぐさま反応したのは、ごん太ではなく、佳弥さんの後ろ、車椅子に乗った里奈ちゃんだった。

きょろきょろと目をあちこちに向け、あたりの気配を懸命に探《さぐ》っている。茂さんにしつけられたごん太は、簡単にほえたりはしない。とくに里奈ちゃんの前では絶対にほえない。だから里奈ちゃんは、まだその存在が分かっていない。

ごん太は、玉田さんに促《うなが》されて、ゆっくりと石沢さんたち家族に近づいていった。佳弥さんは、少し顔を引きつらせながらも、ごん太が歩み寄ってくれるのを待っていた。そして、手の届くところまで来たごん太を、佳弥さんは、思い切って抱き寄せた。5カ月前のあの日と同じように。ごん太の顔を両手ではさみ込むようにして、そのとがった頭に、自分の額をすり寄せた。

「おい、ごん。分かってるか？」

何度も何度も、同じ台詞を口にした。なんとかして、自分たちのことを思い出してほしかった。そして、願わくば、あの日のことを許してほしかった。

一方、ごん太はまだ、どこか戸《と》惑《まど》いの表情を浮かべたままだった。それでも、懸命に目

里奈ちゃんの足を
ペロッとなめた!

の前の人間のにおいを嗅いでいた。その姿は、記憶の糸を一生懸命にたぐり寄せようとしているように見えた。

「おい、ごん太。俺のこと、分からねえか？」

佳弥さんは、ごん太の記憶を呼び覚まそうとばかりに、耳元で声を張った。父親が発する「ごん太」という名前を聞くたびに、里奈ちゃんはソワソワと落ち着かなくなる。そして、絞り出すような声で、呼んだ。

「ご～ん太ぁ」

懸命に、ごん太を呼ぶ里奈ちゃんの頭をなでながら、真弓さんはもう片方の手で、自分の目頭《めがしら》を押さえた。

ここまで、じっと耳を傾けていたごん太は突然、佳弥さんの前から、里奈ちゃんのほうへ、ゆっくりとゆっくりと歩みはじめた。

そして、車椅子のすぐ脇まで来た次の瞬間、里奈ちゃんの裸足《はだし》の足をペロペロとなめたのだ。

もう戸惑いの表情は消えていた。しっかり〝ごん太の顔〟に戻っていた。懐《なつ》かしい家族に触れて、すっかり安らぎを感じている顔だった。

ごん太は、以前のように
優しい眼差しで里奈ちゃんを
見つめていた

里奈ちゃんも、ちゃんと〝ごん太の温《ぬく》もり〟を覚えていた。

そして、一段と力強く叫んだ。

「ご〜ん〜太ぁ〜!!」

はっきりと、自分が呼ばれたことが分かったのだろう。ごん太はそれに応《こた》えるように、今度はペロッと里奈ちゃんの頬をなめる。くすぐったそうにしていた里奈ちゃんが、今度は私の番だといわんばかりに左手を懸命に伸ばして、ごん太のとがった頭を、ちょっと乱暴になでた。そんな里奈ちゃんの愛情表現を、ごん太は以前と同じように嫌な顔一つせず、黙って受け止める。

それは、懐かしい家族の時間。

あの日さえなければ、あの震災さえなければ、あんな原発事故さえなければ、ずっと続いていたはずの――。

「思い出してくれたんだな、ごん」
（佳弥さん）

むずかる里奈ちゃんに
ごん太が近寄ってきて頬をなめた。
「も～、わ～か～ったよ～」と里奈ちゃん

第四章

善意のリレー

「生きてて
本当によかった。
里奈も
よろこんでるよ」
と真弓さん

第五章

ごん太が福島に帰ってきた

茂さんと、故郷・浪江町の方角を見つめるごん太。
「ごん、病気になんか負けんでねえぞ！」（茂さん）

会いたいときに会える距離に

10月27日、茂《しげる》さんは福島県郡山市内《こおりやましない》の食堂の厨房にいた。

「あんた！　焼きそば、焦《こ》げてしまってるよ」

昭子《あきこ》さんの声が厨房に響いた。

「おお、いけねえ、いけねえ」

茂さんがあわててガス台から鍋を外《はず》す。

「どしたんだ、今日は？　朝からそんなボウッとして？」

昭子さんの追及に、茂さんは「どうもしてねぇ」と、ぶっきらぼうに答え、鍋を流しに突っ込んだ。そんな夫のようすを見た昭子さんは、すぐにピンときた。

「ははぁ、あれだな。ごん太《た》が来るって聞いて、落ち着かねくなってんだな」

茂さんは、期間限定でオープンした復興応援《おうえん》食堂『ふる里食堂』の厨房で、久しぶりに「なみえ焼そば」を作っていた。今日は茂さん夫婦が、震災以降初めてごん太に会える日だ。

すでに8月に佳弥《よしや》さんたちと再会したごん太だが、石沢《いしざわ》家の家族と暮らすことは、いまだかなわぬままだった。

しかし、ごん太は故郷・福島に戻ってきた。

玉田さんは、それまで預っていた被災犬すべてを1人で引き取り、拠点を静岡県伊東市から福島県伊達市《だてし》に移すことにしたのだ。「施設が福島にあれば、飼い主さんがもっと気軽に愛犬に会いに来られるはず」。玉田さんはこう考えていた。この日はその引っ越しの途中で、茂さんたちのいる郡山に立ち寄るのだ。

いよいよごん太たちを乗せたクルマが駐車場に到着する。

「お～、ごん太！」

待ちきれないでいた茂さんは、店から飛び出してきた。その目は早くも潤《うる》んでいる。昭子さんも、追いかけて外に出る。

7カ月ぶりの再会だった。

佳弥さんと再会したときと同じように、最初こそ少しキョトンとした表情を浮かべていたごん太。だが、それまでに過ごした8年間の濃密《のうみつ》な関係があれば、7カ月の空白などまったく障害にはならなかった。すぐにごん太は、「警察犬と比べても遜色《そんしょく》ない」と茂さんが自慢していたりりしく賢い顔に戻り、茂さんのそばに寄っていった。なんの迷いもなく。以前そうしていたように、茂さんがパンパンと自分の腰を叩く。それを合図に、スッと

第五章

ごん太が福島に帰ってきた

'11年10月末、郡山で茂さん、昭子さん夫妻と久しぶりの再会

ごく自然に、ごん太は横におすわりをした。

「ちゃんと覚えているんだな、ごん。うれしくて涙出る」

「前より毛並みがよくなったんでねえのか？」

昭子さんはこう言って、優しくごん太の背中をなでた。

久しぶりに、親しい人たちの、故郷の、そして「なみえ焼そば」の懐かしいにおいを嗅いだごん太は、キリリとして頼もしくさえある。

そんな夫と愛犬の〝勇姿《ゆうし》〟をながめていた昭子さん。それは7カ月前まで日常だった光景と変わりないようにも見えた。

「あんな元気そうなのに。あれで、病気だなんて信じらんねなぁ」

久しぶりの再会を果たしたごん太と茂さん。この日の別れ際、茂さんはごん太をこう見送った。

「ごん、また近いうちに必ず会いに行っから。病気なんかに負けんでねえぞ」

確かに、ごん太は引っ越し前に比べ、格段《かくだん》に体調がよさそうに見えた。食欲も旺盛《おうせい》になり、散歩でも元気に歩き回る。4月に保護されて以来、このときがもっとも元気だった。

第五章

ごん太が福島に帰ってきた

福島に戻って以後、主治医となった『おおはし犬猫病院』の大橋敏《おおはしさとし》獣医師は、そんなごん太を「奇跡の犬」と評《ひょう》した。

「リンパ腫という病気から考えると、私たちが考える以上に、ごん太さんはがんばってます。今後も、福島の人たちを勇気づける存在になってもらいたいですね」

玉田さんも、ごん太に不思議な生命力を感じはじめていた。

「これまでは被災地に取り残された〝かわいそうな存在〟だったかもしれない。でもこれからは、このワンちゃんたちが、福島の人たちに勇気を与える存在になれるんじゃないかと思っています」

実際、福島に移ってからは支援の輪がさらに広がりはじめていた。

新しい犬舎の場所を提供してくれた佐藤日出男《さとうひでお》さん、浩子《ひろこ》さん夫妻のように、犬たちの世話をすることで「元気をもらった」「力をもらった」と口々に話す人が次々と現れた。ごん太たちに、泣く泣く手放すしかすべのなかった自らの愛犬の姿を重ね、手伝いを買って出る被災者の人たちもいた。

「宣告された余命をはるかに超えて生きているごん太こそ、福島の復興の、希望のシンボルだ」

そう言って、慣れない土地で孤《こ》軍《ぐん》奮《ふん》闘《とう》する玉田さんに、感謝の言葉をかけてくれる人さえいた――。みなが、ごん太の存在にどこか救われていった。

しかし。

病いは確実にごん太の体を蝕《むしば》んでいた。最期《さいご》のときは、刻一刻と近づきつつあった。

奇跡の犬・ごん太、福島県伊達市の町中を闊歩する

第六章

ごん太
最期の
日々

玉田さんと一緒

雪の中、玉田さんとお散歩。このころのごん太はとても元気だった

第六章

ごん太　最期の日々

伊達市の犬舎前のグラウンドにて。玉田さんと見つめ合う

福島に戻ってきたごん太は、大橋獣医師の
診療を受けた

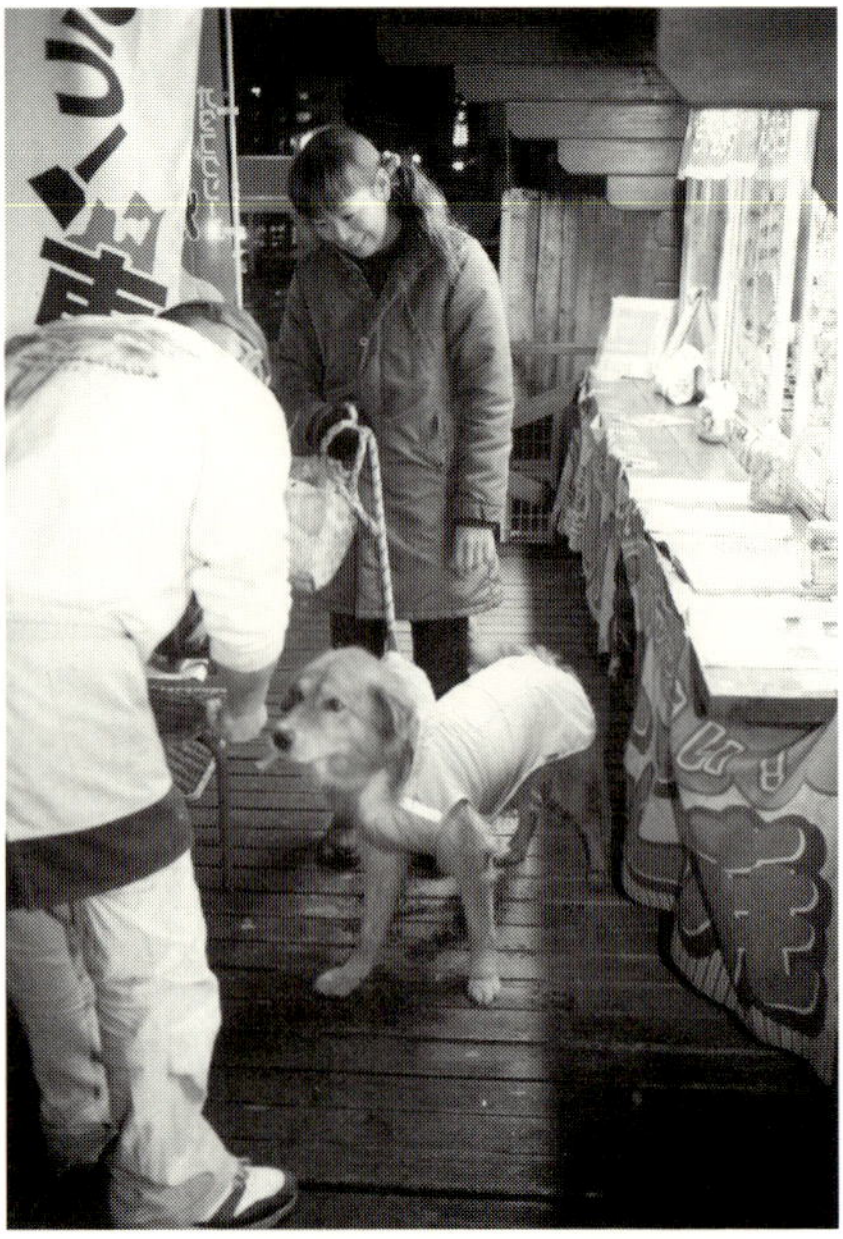

いつもの散歩コースにあるたこ焼き屋さん。
オヤツをもらってよろこぶごん太

玉田さんが与えたおもちゃで遊ぶごん太

玉田さんの優しさに触れ、幼犬のころのような甘えん坊の顔をのぞかせる

石沢一家ともまた会えた

石沢さんたちが避難生活を送る本宮市の雇用促進住宅

「く〜す〜ぐった〜い〜!」と里奈ちゃん

茂さんの顔をなめるごん太。「遊びにきてくれてうれしい!」とよろこんでいるみたい

茂さん、佳弥さんと〝男同士〟のポーズ

'11年11月半ば。石沢さん家族がそろって
福島・伊達のごん太のもとを訪ねた

茂さんと歩くときは、どこか表情もキリリとひきしまる

第六章

ごん太最期の日々

’12年に入ると、
ごん太は横になっている時間が長くなった

歩く体力もなくなったごん太、
大橋獣医師と玉田さんがクルマから運び出す

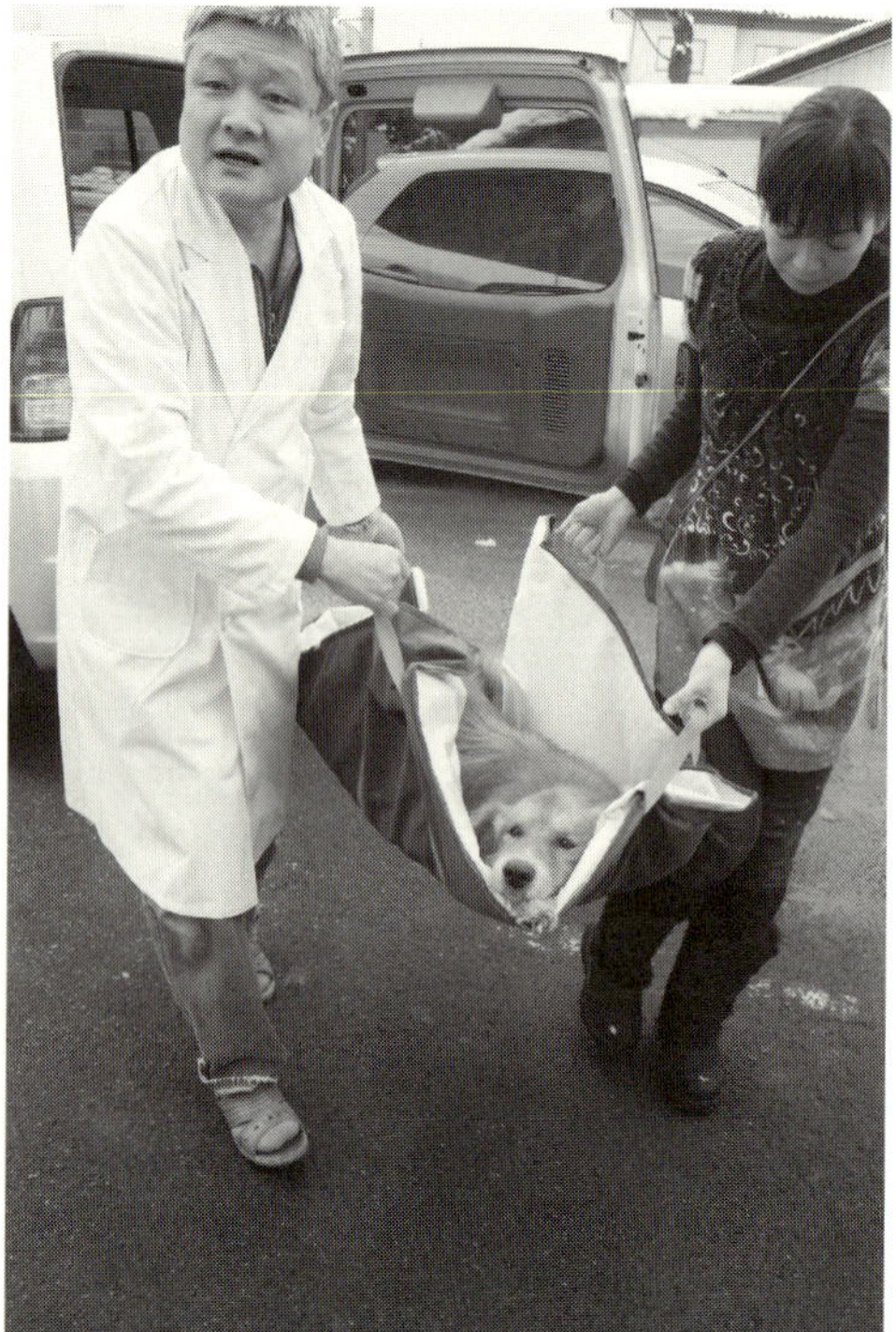

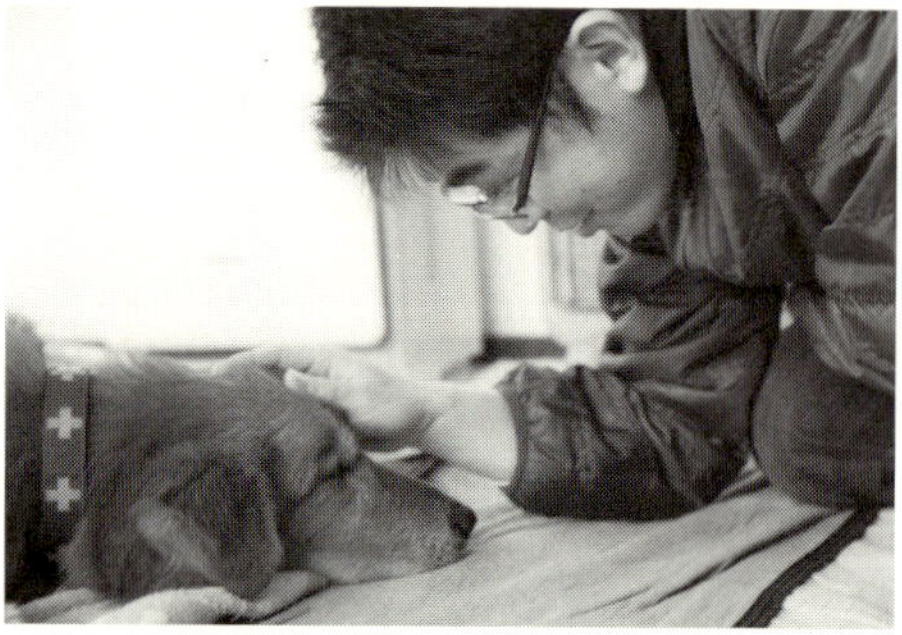

最期の日。駆けつけた佳弥さんは
「おまえ、幸せだったな」と

第六章

ごん太 最期の日々

ステロイド剤、抗がん剤、
インターフェロンなど、
いろいろな治療を受けた

ごん太、容態急変

さよなら、ありがとう、ごん太

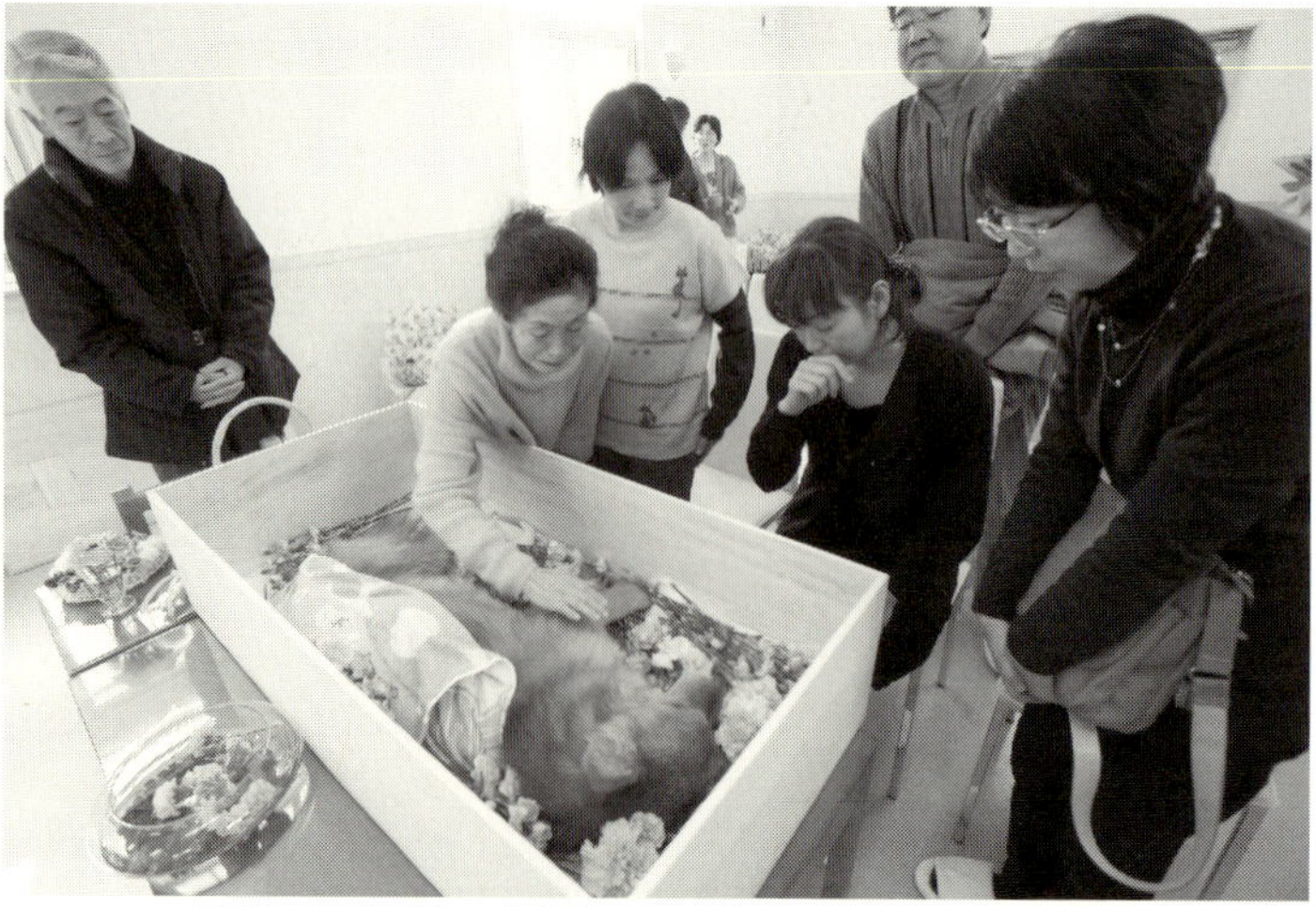

葬儀には、佐藤さん夫妻をはじめ、多くのボランティアが参列

第六章

ごん太　最期の日々

'12年2月26日午後11時11分。ごん太は眠るように、息を引き取った

変わり果てたごん太の前に座る茂さん。
いつまでも黙ったまま、首輪をじっと見つめていた……

エピローグ

ごん太への手紙

ごん太《た》よ。おめえさ、本当によくがんばったな。

あの震災の日から、俺らも正直、先がまったく見えず、後ろ向きなことばっかり考えてた。それが8月に、ごん、おめえが生きてるって知らせをもらった後からだ。どういうわけか、前向きな、いいニュースがどんどん舞い込むようになった。おめえと久しぶりに会った郡山の食堂もそう、焼きそばの移動販売もそうだ。それに、たとえそんな商売の話なんかねくたって、おめえが生きてる、会おうと思えば会える、また一緒に散歩できる、そう思うだけで、俺、生きる張り合いになってたんだ。だから、ときどき思ってた。ごん、おめえはホント、うちの福の神じゃなかろうかって。

それがなぁ……。ごん、俺、おめえが逝《い》っちまって、本当にガックリきちまった。おめえが逝った次の日、佳弥《よしや》からおめえが死んだって聞いて……。我が子が死んだってあんなに泣くのかっていうぐらい、涙出てきた。ホントだ。血圧まで上がってしまってな。

でも、ごん。おめえは幸せだったぞ。あんなに優しい人に拾《ひろ》ってもらって。

あの日から、俺らの故郷はえれえことになっちまった。そいで、おめえの仲間たちもいっぺえ死んだ。それに比《くら》べたら、おめえは、ホント、サイコーに幸せだったんだぞ。あんなに暖かい部屋で甘えるだけ甘えさせてもらって。聞けば、ドッグフード食えねくなったおめえに、玉田《たまだ》さんは毎日、お粥《かゆ》までこさえてくれてたっていうじゃねえか。獣医さんにも、えらく世話になったらしいな。ほいで、最期はあん

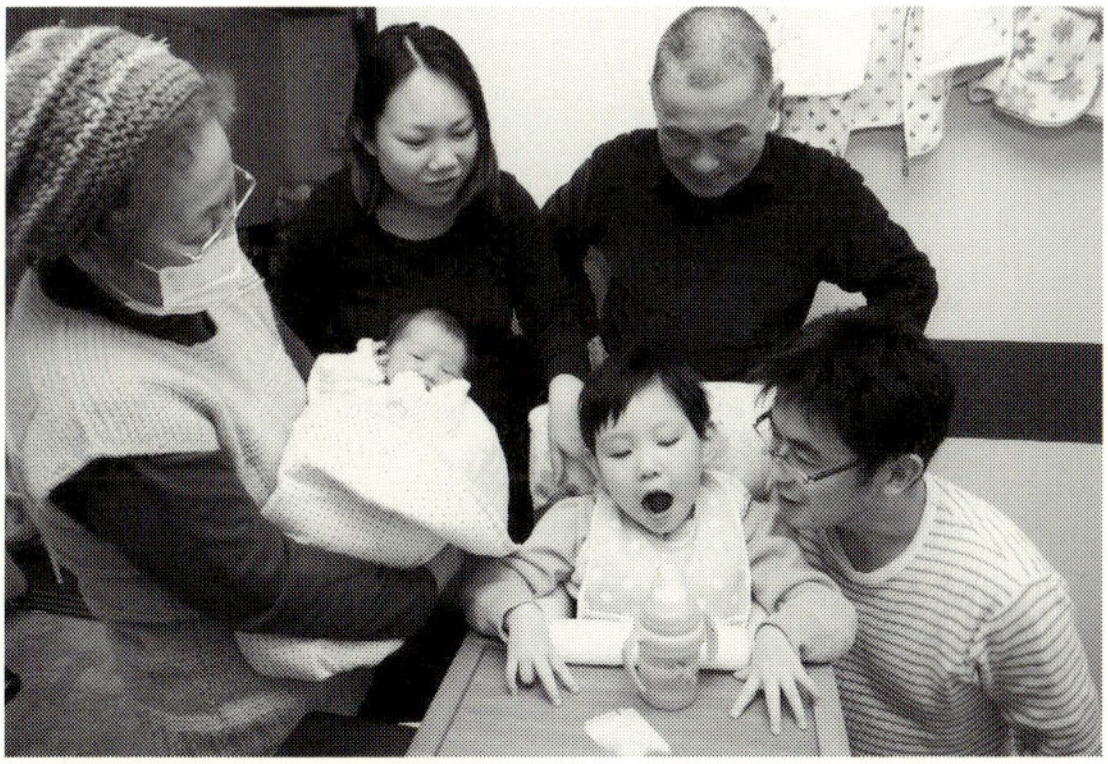

'12年2月15日、石沢家には新たな家族・奏和くんが加わった

な立派な葬式《そうしき》まで……。俺、本当に驚いちまった。なんだ、おめえの骨の周りさあった、あのたくさんの花。青森だとか、静岡だとか、東京だとか日本中から、花届いて……。おめえは、俺が知らねえとこで、あんなに大勢の人に愛されてたんだなぁ。

「犬は人のために生きる」って言うけんども、いま思うのは、おめえ、俺らのこと、見届けて、そいで逝ったんだなってことだ。里奈《りな》の弟、奏和《かなと》が無事に生まれて、里奈が学校さ上がって。ほいで、焼きそばの移動販売のクルマもできてきて。俺らがもう一度キチンと、前見て進んでいくようになるまで、待っててくれたんだな、きっと。がんばって、がんばって、がんばって、待っててくれたんだな。

おめえ、最期に尾っぽ振ったらしいな。それはきっとあれだな。玉田さんに「ありがとう」って言いたかったんだべ。俺は分かる。今度、も少し暖かくなったら、玉田さんとこさ行って、おめえが世話になったご近所の人たちも呼んで。そいから獣医さんも呼んで。おめえが「ありがとう」って言いたい人、みなに、お礼の焼きそば、振る舞うかんな。

本当にごん太、ありがとな。この1年、おめえが生きてるって分かっただけで、おめえががんばってるってだけで、どんだけ俺らの力になったか、分かんねえ。病気に負けねえでがんばったおめえが、俺らの前向く力になったんだ。

だから、ごん……。本当にありがとな。

茂さん、昭子さん夫妻。完成したばかりの、なみえ焼そば移動販売車の前で

仲本 剛（なかもと たけし）
1968年、神奈川県生まれ。『女性自身』「シリーズ人間」取材班記者。福島第一原発の事故直後には、チェルノブイリへ飛び〝25年後のフクシマ〟の姿を現地取材。また、雑誌ライター業のかたわら写真集も制作。『BUENOS AIRES』『Light & Shadow』『A HUNTER』（すべて講談社刊）など、写真家・森山大道氏の数多くの作品集をプロデュース。また、同氏との共著『森山大道　路上スナップのススメ』（光文社刊）もある。

福島余命1カ月の被災犬
とんがりあたまのごん太

2012年4月20日　初版1刷発行
2022年6月10日　　　2刷発行

著　者　仲本 剛
発行者　内野成礼
発行所　株式会社 光文社
〒112-8011　東京都文京区音羽1-16-6
電話　編 集 部　03-5395-8240
　　　書籍販売部　03-5395-8112
　　　業 務 部　03-5395-8125
URL　光 文 社　https://www.kobunsha.com/
印刷所　萩原印刷
製本所　ナショナル製本

ISBN978-4-334-97688-0

ブックデザイン　前橋隆道　千賀由美